教堂建筑的秘密语言

解密世界著名教堂的隐秘结构与神圣象征

[英] 理查德·斯坦普 著

萧萍 译

文化发展出版社
Cultural Development Press
·北京·

图书在版编目（CIP）数据

教堂建筑的秘密语言 /（英）理查德·斯坦普著 ；萧萍译. -- 北京 ：文化发展出版社有限公司，2018.7（2023.12重印）
ISBN 978-7-5142-2374-3

Ⅰ. ①教… Ⅱ. ①理… ②萧… Ⅲ. ①教堂－宗教建筑－建筑艺术－研究 Ⅳ. ①TU252

中国版本图书馆CIP数据核字(2018)第156162号

著作权合同登记 图字：01−2018−5029

教堂建筑的秘密语言

著　　者：[英] 理查德·斯坦普
译　　者：萧　萍
出 版 人：宋　娜
责任编辑：范　炜　徐　蔷
责任印制：邓辉明
封面设计：观止堂_未　氓　李　滨

出版发行：文化发展出版社（北京市翠微路2号　邮编：100036）
网　　址：www.wenhuafazhan.com
经　　销：各地新华书店
印　　刷：北京印匠彩色印刷有限公司
开　　本：710mm×1000mm　1/16
字　　数：300千字
印　　张：14.5
印　　次：2018年7月第1版　2023年12月第5次印刷
定　　价：128.00元
I S B N ：978-7-5142-2374-3

◆ 如发现任何质量问题请与我社发行部联系。发行部电话：010−88275710

▲ 钟面

17 世纪晚期，圣灵教堂，塔林，爱沙尼亚

这是塔林最古老的一面公共用钟。看到这面钟，我们意识到，教会曾经在人们的日常生活中如此重要：人们的每一天、每一周的活动框架，都是被宣布各式宗教仪式的钟声所划定的。钟面中央光芒四射的太阳，不仅表示时间的流逝就是太阳划过天空的轨迹，也是表现神的光芒—17 世纪时通常描绘成这样。圣灵常常在这样的光芒中间现身（参见 59 页及 66 页插图），这座教堂的名字也表示圣灵应当在这里。

第 3 页：约翰 • 沃慈戴尔，哈利钟楼，1494—1497，坎特伯雷大教堂，英国；

第232页：鲁道维可 • 西哥里，“布鲁内莱斯基的穹顶”，约 1610 年。

目录

前言

"这是教堂，这是尖顶，
打开大门，看见人们。"

这是首人们耳熟能详的童谣，念的时候还配手势动作。童谣及手势中的教堂，四四方方，带个尖顶，一眼便知是座教堂。伦敦市中心特拉法加广场上詹姆斯·吉布斯（James Gibbs，1682—1754）所设计建造的圣马田教堂（St Martin-in-the-Fields）就是这样一座教堂。童谣与圣马田教堂的吻合不是巧合：这座教堂于1726年完工后不久，吉布斯出版了他的《建筑之书》（*Book of Architecture*），该书成为美国教堂设计的最重要源泉之一。于是圣马田教堂成为样板，无数类似的教堂散布美国各地：它们结构比例相仿，建筑材料为砖或护墙板，前有门廊或柱廊，上有塔楼或尖顶。

然而，这样的建筑结构并非基督教教堂所本来固有。柱廊的灵感来自古典时期的庙宇，六根科林斯柱，其上顶着一个三角形门楣，这种异教形式得到十五十六世纪意大利文艺复兴时期建筑师的欣然采纳。而尖顶则根本上是哥特式建筑样式，源自北欧。尖顶没有什么功能上的作用，只是指出通往神之路，以及让人从远处就能辨明教堂的方位。这种源头的杂糅混合——古典的和基督教的、文艺复兴的和哥特的、北欧的和南欧的——很能说明教堂的历史，建筑风格的演化过程也正是本书卷三的基本内容（参见130页—213页）。

"教堂/教会（church）"一词亦需厘清。"一座教堂（a church）"指基督徒在其中进行其宗教活动的一座建筑。"教会（the Church）"指在一起礼拜的基督徒团体，这个词指代一群人，一个团体，亦指代礼拜场所本身。毕竟，这种礼拜仪式可以在许多类型的建筑物里进行，无论是一般意义的教堂、主教座堂、小礼拜堂，还是聚会场所。而且，即便吉布斯——受其在罗马所受的训练以及比他早一代的伟大的英国建筑师克里斯托弗·瑞恩（Christopher Wren，1632—1723）的影响——所创造的这种形式的"教堂"分布足够广泛，以至于给人灵感创作出一首童谣，教堂也可以有变化多端的样貌形式。

例如，圣马田教堂的几何形式的简洁和白色石块的纯粹，与彼得堡的复活大教堂（Cathedral of the Resurrection，亦称基督复活大教堂Cathedral of the Resurrection of Jesus Christ，或滴血教堂 the Church on Split Blood）的五彩斑斓的洋葱头穹顶，区别有如云泥。

复活大教堂的灵感来自俄罗斯16世纪—17世纪的教堂，比如莫斯科的瓦西里升天大教堂（St Basil's）和基辅的弗拉基米尔大教堂（Vladimir Cathedral）。事实上，彼得堡的大教堂到1883年才开始建造，因而是对往昔的有意识的回应。这也反映了该教堂作为纪念性教堂的功能：是沙皇亚历山大三世为纪念其父而在他受致命伤的地点建造的。教堂风格回顾了一个貌似更幸福的过往，而其（对基督复活的）致献则前瞻一个更幸福的未来。圣彼得堡大教堂的穹顶只是装饰性的，而瓦西里大教堂的八个穹顶，各坐落于一个独立的小礼拜堂之上，八座小礼拜堂众星拱月围绕着中央一座礼拜堂：其结构是一个八角的星状，或是两个有所交叠的正方形——数字八象征着时间的终结，以及我们置身天堂的未来（参见104页—107页）。

圣马田教堂

詹姆斯·吉布斯，1721—1726，伦敦，英格兰

此地最早有教堂的记录是在1222年。此地位于西敏寺和伦敦城之间，那时教堂名副其实地"在田野里"。圣马田教堂（其主保圣人是图尔的马丁：Martin of Tours）重建于1542年，为亨利八世所建，后于1721年乔治一世治下再次重建，该国王的盾形徽章赫然呈现于教堂的三角门楣上。

复活大教堂

阿尔弗雷德·亚历山德罗维奇·帕兰德（Alfred Alexandrovich Parland，1842—1919），1883，彼得堡，俄罗斯

建堂地址在沙皇亚历山大二世被刺杀之处，因此该建筑又常被称作“滴血教堂”，有意采用俄罗斯复古风格，表示对往昔的追忆（参见202页—205页）。革命后，该教堂被洗劫一空，1923年“升级”为“大教堂”，1932年关闭。二战期间遭破坏，先是被用作仓库，后来作为博物馆，直至1997年才重新开放供信众礼拜。

圣马田教堂属于英国教会，是全世界圣公会的教堂之母，圣公会则是基督教的主要传统教会之一。英国教会是“西方”或“大公/普世”教会的一个分支。西方大公教会与东方正教会的分道扬镳通常可追溯到1054年的“大分裂（Great Schism）”。复活大教堂便属于东方的正教会。此后西方教会也有分裂，最有名的是16世纪宗教改革时期新教（定义宽泛，其下又有许多教派）从罗马天主教会脱离出来，否定教皇的统治权。尽管基督教三大分支的定义、名称尚可商榷，然而为简明起见，本书中使用的术语是：“东正教”“新教”“天主教”。

神之殿堂

对三大基督教传统来说，教堂建筑都很重要，只是侧重不同。佛罗伦萨大教堂（Florence Cathedral）墙上镶嵌的一块浮雕（见右图），可为简要说明之。雕塑表现了“天使报喜（Annunciation）”场景。据圣经故事，加百列向童女玛利亚宣告，她将成为神之母。在两个人物之间有个华盖，或曰帐幕（tabernacle），里面刻有加百列问候的话语：“Ave Gratia Plena”（“蒙大恩的女子，我向你问安”），指称玛利亚及其完美无瑕。帐幕之上雕刻着神之手，以此也指涉了好几个圣经典故。比如，《诗篇》（48:10）有这样一句宣告：“你的右手满了公义”。在这之下，一只鸽子飞入帐幕。当玛利亚被告知将生产，她问询如何可能，因为她是童女之身，加百列解释说，将通过圣灵的作用而实现，而圣灵在基督教艺术中常常表现为一只鸽子——因此在该雕塑中，圣灵已经进入帐幕，一如它将进入玛利亚之身。帐幕内有“蒙大恩”之词，因而自身即是“蒙大恩”的喻体，一如玛利亚。

如此可见，玛利亚和帐幕——教会的象征——是同一的。如果教会是“神的居所”，那么玛利亚也是（她的子宫曾是耶稣的居所）。该浮雕不仅解释了童女玛利亚的重要性，同时也解释了教会自身的重要性、神圣性和至尊蒙恩。确实，玛利亚常常与伊柯莱西亚（Ecclesia）——教会的人格化——联系起来（参见106页）。

天使报喜

12世纪，佛罗伦萨大教堂，意大利

这块浮雕比它所嵌入的南墙要年代久远得多，是从更早的天主教堂拆下，移至此处再利用的：人物衣服上圆浑的褶皱是古罗马风格，而教堂本身却是哥特式的，建造时间不会早于1296年。在大天使加百列和玛利亚之间赫然呈现一座华盖，或曰帐幕，里面刻有拉丁文的加百列话语，译为“蒙大恩的女子，我向你问安”。神之手出现在帐幕圆顶上，圣灵之鸽飞入帐幕，可视为基督道成肉身的建筑表达（与之对等的是，整座教堂可视为玛利亚的建筑表达）。

基督教礼拜场所之名称

用于基督教崇拜的建筑有很多类型。都可视为“教会（the Church）”的构成，但功能不同，名称也各异。最常见的如下：

修道院（abbey）——由修士或修女组成的宗教团体，或该团体所居之房舍，由修道院长（男为abbot，女为abbess）主持。即便不再有修士修女的团体，该建筑还可保留修道院之名，比如西敏寺修道院（Westminster Abbey）。

洗礼堂（baptistery）——教堂内，或独立于教堂主体之外，专用于洗礼仪式的建筑。

巴西利卡式教堂（basilica）——该名称原用于国王觐见室（audience chamber），源自希腊文basileos，意为“国王”。

罗马式的国王觐见室——一个狭长的中央本堂，带两个侧廊，但没有耳堂（transept）——被一些早期基督教堂采用，现在此词或指代有这种结构的教堂，或指代某些教皇赋予特权的天主教堂。

主教座堂（cathedral）——这样的教堂内有cathedra，即主教座椅。

小礼拜堂（chapel）——原指存放圣徒遗物的单独房间，现可指毗邻教堂的一处独立空间。早期教堂只有一个祭坛，每天只有一场弥撒仪式，于是逐渐把这个独立空间用作礼拜，遂为礼拜堂。也可以是非常私人的礼拜场所，或举行非常规仪式的地方，或用于陈列圣餐。有些新教教会使用小礼拜堂以表明自己有别于过于繁文缛节的天主教。

教堂（church）——基督徒崇拜之所。

修道院（convent）——居住在一起的修士或修女团体，或他们的居所。英语中特指女修道院，其他语言无此限定。

教堂（minister）——原指一座隐修院的教堂，或在俗教士（secular canons，指不用像修士们那样遵循一套“修会的会规”的神职人员）的居所，也可用于称呼一座规模相当大的教堂或主教座堂，而无需隐修院背景。

隐修院（monastery）——修士或修女们远离俗世、潜心祷告默观的隐居之所。

小修道院（priory）——用于宗教崇拜的一处房舍，由小修道院长（男为prior，女为prioress）主持，小修道院长可以是独立的，也可以是大修道院长（abbot或abbess）的下属。

要在一本书中涵盖所有这些方面——结构、意义、信仰和历史——是不可能的。因此我们将探索更宽泛的概念，以求能让读者理解世界上大多数教堂，能够阐释他们所造访的神圣建筑物的不同之处和相关之处。本书分三部分，分别论及客体、主题和风格。探索一座教堂的物质结构，描绘一个教会的建筑和内容，离不开探讨教堂建筑所体现和表达的丰富主题。最后一部分则揭示了这些客体和主题在历史中是怎样演化的，教堂建筑的风格和表现是怎样随信仰及崇拜形式的变化而变化的。

◀ 索尔兹伯里大教堂（Salisbury Cathedral）

1220—1320，索尔兹伯里，英格兰

1219 年，一个游行的队伍在返回位于索尔兹伯里旧址老塞勒姆（Old Sarum）的大教堂时，被挡住不让进城，主教当机立断，决定建一座新的大教堂，就在原教堂附近，但一定要在老城墙之外，认为这才是避免这种情况再发生的最佳解决办法。不到 40 年，这座大教堂就建成了。西门是 1265 年添加的，1580 年左右回廊和会堂才完工。塔楼和尖顶是在原来极矮的灯塔（lantern tower）顶上加建的，1320 年完工，高达 123 米（404 英尺），从而使索尔兹伯里拥有了全英国最高的教堂塔尖。

教堂之恒常与变化

每座教堂都有自己独特的历史，每座教堂亦有自己独特的结构布局。虽然有种种不同，但所有这些差异都只是同一主题的不同变奏，描述教堂建筑之结构和组成及其功能的名称也基本上不会变化，且通用于所有教堂。索尔兹伯里大教堂的主体建筑完成于相对而言较短的一段时间——不到 40 年——因而其风格有着令人惊讶的协调统一。可是它的内部布局却屡经更改，因为要适应崇拜形式的变化（参见 178 页—183 页），以及趣味的转变（参见 206 页）。不过，它的外部建构如此之浑然一体，足以成为标杆，供其他教堂来比照。

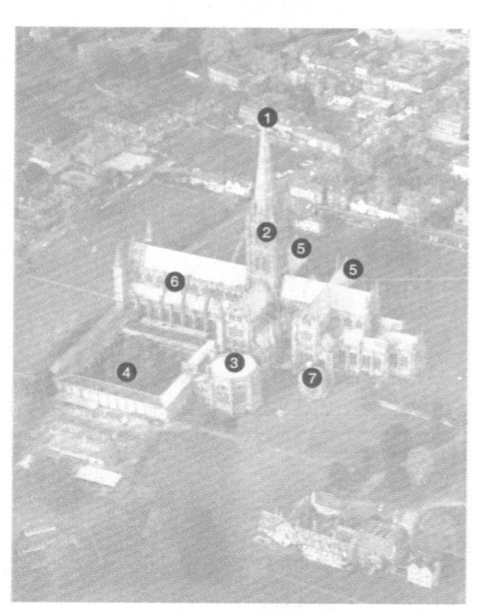

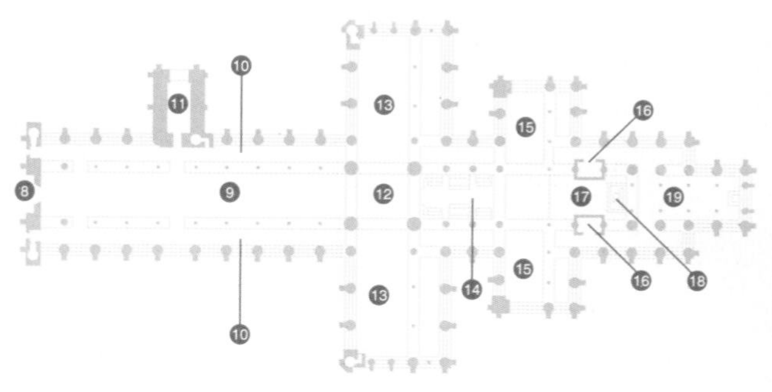

1 塔尖（spire）
2 塔楼（tower）
3 会堂（chapter house）
4 回廊（cloisters）
5 双耳堂（double transepts）
6 高侧墙（clerestory）
7 圣器室（sacristy）
8 西门（west front）
9 本堂（nave）
10 北侧廊和南侧廊（north and south aisles）
11 北门廊（north porch）
12 十字交叉处（crossing）
13 北耳堂和南耳堂（north and south transepts）
14 唱诗班（choir）
15 唱诗班耳堂（choir transepts）
16 附属／弥撒小礼拜堂（chantry）
17 长老席（presbytery）
18 祭坛（altar）
19 圣母堂（lady chapel）

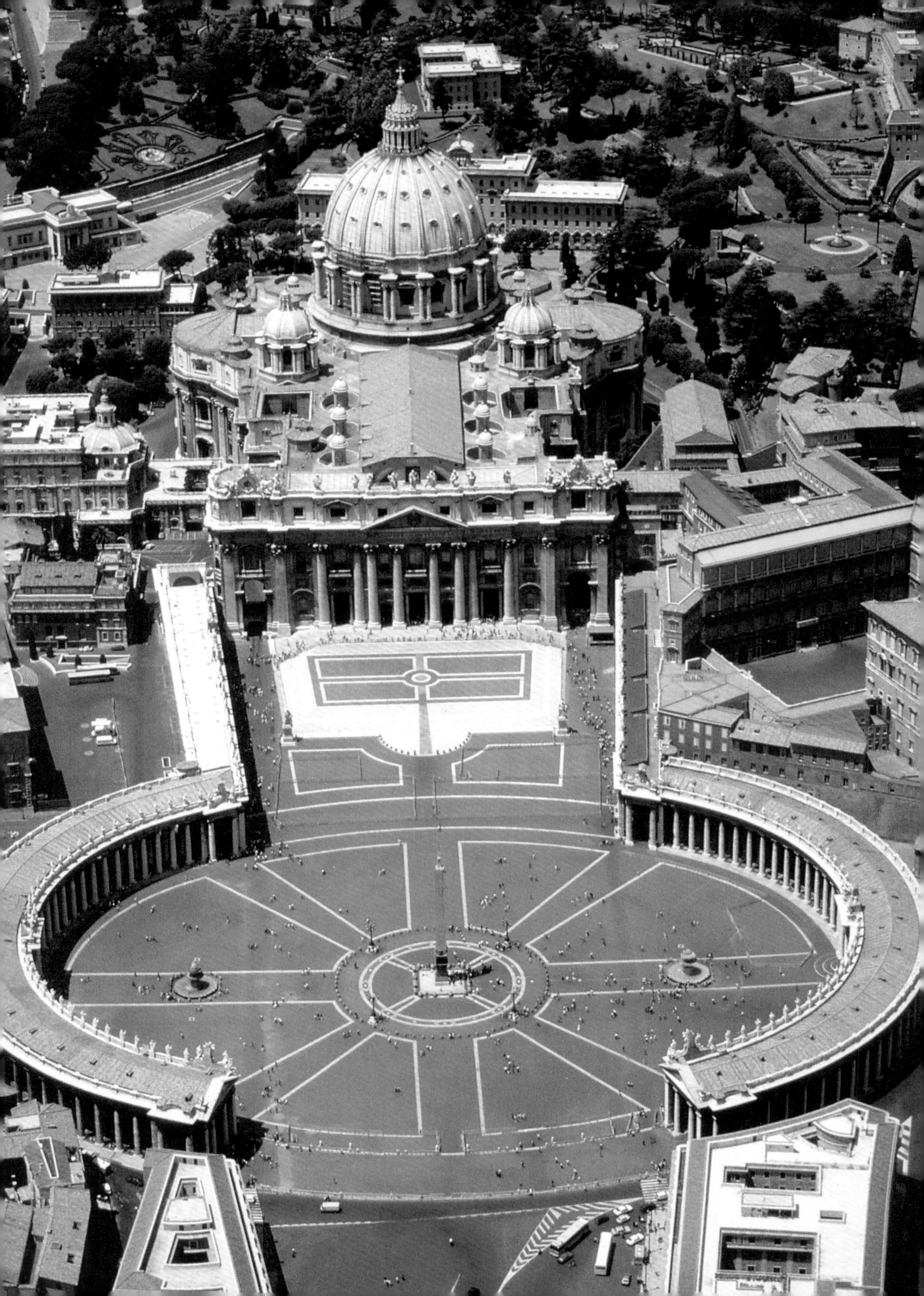

卷一

教堂建筑之表里

惯常上教堂的人，熟悉了教堂的艺术和建筑，会觉得教堂中所见皆烂熟于心、一目了然，而那些新近接触教堂的人，就拿不准该看什么，抓不着重点。当然，无论是新知还是旧雨，都总能够在教堂建筑中发现新鲜东西，而对基督教堂或天主教堂来说，每个元素都是“存在即合理”。这个新鲜“东西”也许涉及建筑结构，也许关乎教义象征。无论如何，都有必要记住，前者与后者相伴相随：教堂建筑的结构与其功能息息相关，教堂本身就担负着传道载义的使命。如此说来，教堂的每一物质元素——外在的建筑构造和内部的家具及装饰——都既有实际用途又有神学解释。本卷我们将考察教堂的这些“物质”元素，也就是在你造访教堂时会亲眼看到的那些形形色色的“东西”，由表及里，先置身其外观看，再登堂入室细瞧。当然，这一虚拟的“观光考察之旅”必然是宽而泛的，而每座教堂都各具特色，所以我们要择其要点，专注于基督教各宗派在不同时期之建筑的重要特征。

◀ 圣彼得大教堂

1506—1667，罗马，意大利

和许多教堂一样，罗马的圣彼得大教堂也在漫长岁月中历经嬗变。君士坦丁大帝于公元 4 世纪建造了最初的教堂，选址就在为当时人们所认定的圣彼得陵墓的地方。现在我们看到的教堂是由布拉曼特（Donato Bramante，1444—1514）于 1506 年动工，后由米开朗琪罗（及其他人）接手建造的。这座巴西利卡式大教堂前面的柱廊是 1667 年由贝尔尼尼（Gian Lorenzo Bernini，1598—1680）添加的，当初的构想是如张开的双臂，怀抱广场，迎接信众。

仰望神

当一座教堂映入眼帘时，你最先注意到的通常不是建筑的主体，而是那些突出于主体的部分——塔楼、尖顶和穹隆，其自各有深意。这些引人注目的建筑部分似乎在告诉众人此处有教堂，提醒信众该去何处礼拜，且必须礼拜。宗教仪式不只限于礼拜日的礼拜仪式：崇拜须是日常生活的一部分。那高高在上、随处可见的塔楼、尖顶和穹隆，督促着人们铭记他们的宗教义务。如果这显得是种威慑，那也是其功能的一部分：如果你能看到教堂，那么教堂以及神也能看见你。不过，这也意味着，你正置身于教会的保护中，你是安全的。意大利艺术家兼学者莱昂·巴蒂斯塔·阿尔伯蒂（Leon Battista Alberti，1404—1472）在1430年代中期写作的影响卓著的《论绘画》一书中，赞扬了建筑师菲利波·布鲁内莱斯基（Filippo Brunelleschi，1377—1446），就是其高超的工程技艺使得佛罗伦萨大教堂穹隆的完成成为可能。阿尔伯蒂如此描绘穹顶："如此庞然一建构，高耸入天空，投下万顷阴凉，泽被托斯卡纳众民。"这是个荫庇万民的形象，和圣母玛利亚（Madonna of Mercy）的形象一致：玛利亚庇佑着其斗篷下的子民。在高楼林立的现代城市中，教堂的身影在天际线中越来越不起眼了，但那些建筑在中世纪城市中心（常常雄踞峰顶，如林肯大教堂）的教堂依旧鹤立鸡群。直至今日，走近一座古老城镇或城市时，教堂依旧为人们所最先看到。教堂守望、庇护着市民，这

林肯大教堂（Lincoln Cathedral）

11世纪—14世纪，林肯，英格兰

林肯大教堂的塔楼群巍然耸立，其顶上曾经覆满木制的塔尖。曾有主塔楼塔尖高达160米（524英尺），为欧洲最高，可惜被1548年的一场风暴摧垮。西边两座塔楼的塔尖高度稍逊，但寿命更长，直到1807年才因安全问题被撤除。

圣彼得教堂的尖塔
14 世纪，苏黎世，瑞士

位于苏黎世的圣彼得教堂之尖塔，有“指向神”的宗教象征意义，而其市政功能几乎同样重要。时钟直径 8.7 米（28.5 英尺），据说是欧洲最大的教堂时钟面盘，整个城市都能看得清楚。风向标被漆成白色和蓝色，那是苏黎世城市的颜色。从尖顶基座上探出来的凸窗曾经是观察火情的瞭望口，直到 1911 年才废弃此功能。苏黎世比大多数欧洲城市都幸运，从未遭受过大火，也许要归功于此。或许是因为这一骄人的记录，该教堂的塔楼现在归属苏黎世市政府，而重建于 18 世纪初的教堂本堂，却还属于瑞士新教教会（参见 199 页插图）。

一特征，在旅人返乡，或初抵某地时，最能感觉到。同时，教堂俯瞰众生的豪迈也起到了威慑入犯敌军的作用。赫然看到众多高塔尖顶耸立眼前，会让来访者收敛内心的恶念，意识到自己身处有神护佑的神圣之地。在这些讯息之外，教堂建造起来还相当困难和昂贵。因此，一座城市若拥有大量教堂，除了宣扬其神圣不可侵犯，还炫耀其财富、其高超的建筑工程技艺，自然也在炫耀其权势。一个城市的塔楼和尖顶的高度和数目，因此成为衡量其圣洁、财富和力量的——既为道德的、亦为军事的——标尺。

塔楼、尖顶和尖塔

教堂塔楼的另一功能是装纳大钟，自 6 世纪始，大钟便成为礼拜仪式的常规组成。时钟通常是教堂塔楼的重要组成，不过也不是必要的。时钟以及钟声告诉人们一日的时辰，钟声鸣响也宣告礼拜仪式的时间，因为钟声总在礼拜前不久鸣响。庆典仪式——无论是个人的、市政的还是国家的——也都伴随一连串钟声。钟声还为逝者响起，以致哀悼，或在危急时响起，以为警示，譬如火灾或入侵。

一座塔尖——高耸、狭长、类于锥形的建筑结构，其基座通常是圆形、方形或椭圆形——没有任何实际的功用。尖顶和尖塔（塔尖和塔楼的结合）的构造吸引我们的视线向上，朝向天宇，自然也仰望神。两种构造都包含了象征元素，比如十字架，常常还包括风向标——既有市政功能（告诉人们风向），也有宗教功能（提醒人们，神存在于四面八方，其创造无远弗届）。风向标还督促我们牢记，无论风往何处吹，我们都不应该被吹“偏向”，而要坚持走正道，唯有此一途才能引领我们获得救赎，即便我们是“命运”的牺牲品（参见 35 页）。

安康圣母教堂（Santa Maria della Salute）

巴尔达萨雷·隆盖纳（Baldassare Longhena，1598—1682），1631—1681，威尼斯，意大利

本教堂的建筑师是竞争选拔出来的。当时有两项要求，一是要外观气派，但造价不能太高；二是教堂内要光明亮堂，光线分布均匀。隆盖纳两项达标。建筑大部分由砖来造，只有一些建筑细部、雕塑、外立面使用石材，从而实现了第一个要求。穹顶之下用巨大的螺旋形涡卷来支撑，既可作为巴洛克装饰（这一点实无必要），更重要的是，有了这些涡卷的支撑，穹顶下的鼓室（drum）就能开凿巨大的窗户，从而能够光芒如泻，举堂皆明。

穹顶

古典时期的建筑即有穹顶，至今尚存的最著名典范是罗马的万神殿，建于公元125年，为哈得良皇帝所建，殿内供奉一切神祇。现在已看不出穹顶原来的内部装饰，但有一个说法是，整个穹顶内部被刷成蓝色，衬以金色的星辰，宛若夜空。对基督徒来说，穹顶就象征着天空，代表着莅临尘世的天之穹隆（参见《神圣的几何》，104页—107页）。基督教世界最早也是最令人瞩目的穹顶是在君士坦丁堡（今伊斯坦布尔），为查士丁尼大帝建造的圣索菲亚大教堂（Hagia Sophia）。该教堂完工于537年（现在的穹顶却是后来修建替换的，高耸在本堂之上，万道金光从穹顶倾泻而下——参见136页）。沙朗诺（Saronno）的奇迹圣母教堂（Santa Maria dei Miracoli）的穹顶装饰（参见89页插图），描绘的就是天堂之景，神和众天使们从高处俯瞰众生，最为清晰地体现了穹隆如天宇的观念。

自外观之，教堂上面的这个天体一般的半球体——建筑师尽可能让其形状接近于半球体——令人想到早期宇宙学中环绕地球的完美球形宇宙。穹顶又如教堂之冠冕，尤其契合那些敬献给圣母玛利亚的教堂，因天主教尊其为天上母后。

关于威尼斯的安康圣母教堂之形状，其建筑师巴尔达萨雷·隆盖纳解释道：“它是敬献给蒙福的童女玛利亚的，这里头的神秘令我想到……将其建成圆圈形状，也就是说，王冠的形状，这是敬献给圣母的王冠。”

令其坚实，令其矗立

时至今日，我们还拥有数目惊人的大小教堂，尤其在那些中世纪时既已成为文化中心的欧洲城市，然而这还只是基督诞生后两千年来所建教堂之一部分。许多教堂已失落于历史中，因为建筑质量低劣，因为被废弃，因为人为的破坏（政治的或宗教的），或者因为成了多余，也许已改为其他用途。而那些建筑坚固因而保存至今的教堂，则基本上都经过了扩建、修缮或改变，与它们最原初的建筑已相去甚远。

▼ 笕嘴（gargoyle）

16世纪—18世纪，米兰大教堂，意大利

教堂之墙壁与屋顶，作用无非容纳和保护其内在之物与人，包括会众和设施物件，特别是财宝和圣徒遗物。最重要的功能之一便是遮风挡雨。虽然教堂无一不建有斜屋顶，雨水自能顺坡而下，然而若让雨水再顺墙而下，就可能造成损坏。于是，人们设计出排水管道，让雨水能从管道直达地面而不侵扰墙壁。排水管道上装饰的石头雕塑常为怪物形状，水汩汩从其口中涌出。这样的出水口叫gargoyle，源自一个古旧的法文词gargouille，意思是“喉咙”，英语里gargling（喉咙咕噜咕噜发声）、gurgling（潺潺/汩汩而流）二词亦源自此词。如今教堂内装饰着的怪物形状的雕塑全都被称作gargoyle（参见116页—117页），严格说来不能这么叫，因为它们没有排泄雨水的功能。

建筑材料可以是木头、砖头、混凝土或打火石。本书中所列的大部分教堂都是石头建造的，虽然也有许多，比如安康圣母教堂（参见16页插图），就主要是砖结构建筑，只用石头来装点重要的建筑部位及主要的外立面。

如果本地不产石头，财资充足的话，可以从外地运来。伦敦的圣保罗大教堂（St Paul's Cathedral，参见196页—197页插图）所用之石即来自英格兰西南部的波特兰（Portland），而最早建造诺威治大教堂（Norwich Cathedral，参见32页—33页，124页—125页）的诺曼人则喜欢从他们的老家法兰西的卡昂（Caen）“进口”石头。建筑材料会影响建筑结构：没有石头可用的地方，教堂塔楼通常是圆形的，因为若要加固棱角的话就得用上石头了。（当然也有别的说法，认为圆形建筑更安全，没有什么犄角旮旯让魔鬼藏身。）

墙壁围出教堂一片内部空间，墙壁还能支撑屋顶。早期教堂将墙壁建造得厚实坚固，后来发展出各式的扶壁（buttress），才使得建筑不需要那么夯实敦厚了。除了支撑重量，墙壁还能“担当”道义：登堂入室之前，外立面的装饰往往就能告知我们许多信息，比如此教堂是敬献给谁的；外立面的结构也透露出建筑的内在布局，奥维多大教堂（Orvieto Cathedral，见20页）就是绝佳例证。

▶ 沙特尔大教堂（Chartres Cathedral）

13世纪，沙特尔，法兰西

许多哥特式建筑都有飞扶壁（flying buttress）。法国建筑的扶壁尤其夸张，通常在教堂东端凸出的半圆（或多角）形拱顶附带建筑（或称后殿，apse）上环绕着一圈这样的飞扶壁，使教堂显得既高峻又精美。一道回廊——列队穿堂仪式的必经路线——环绕着后殿，回廊再向外辐射连接着一圈儿小礼拜堂，其上便是一圈儿的双层飞扶壁，将屋顶和拱券的重量转移分散到这一圈儿小礼拜堂的外墙上，以及将它们隔开的墙壁上。

更坚实，更高拔

虽然教堂屋顶——上图中标记为❶——通常都比较轻，是木制结构的，拱券❷却可能是石制的，因而教堂的墙壁一般都非常厚实，窗户则须狭小。不过，也可以通过扶壁（上图标记为❸，19页图中在墙壁的底部）来加固墙壁。扶壁增加了墙壁的重量和厚度，抵消了由拱券施加在肋梁（rib，❹）上的重力引起的屋顶向外的推力。后来教堂建筑者们越来越艺高胆大，发现从屋顶延伸出来的扶壁能够更好地牵制向外的推力，因为它们更能够贴合建筑主体。于是“飞”扶壁❺应运而生，因为它们凌空飞跃的姿态，从而得此名。这一开放的建筑结构将屋顶的重量向下转移到地面，和拱门的道理是一样的：一道飞扶壁实际上相当于半道拱门。有了扶壁的支撑，建筑师们就能够将整个建筑建造得更坚实，更高拔。有了扶壁承担屋顶的重量，墙壁就减轻了承重的功能，就可以开凿更大的窗户。小尖塔（pinnacle，❻）看上去纯属装饰，但实际上有增重镇压的作用，有助于将扶壁“定”向地面，使之更稳固。

奥维多大教堂的正面

洛伦佐·马伊塔尼（Lorenzo Maitani，1275—1330）及其他人，1310—1970，奥维多，意大利

洛伦佐·马伊塔尼不仅设计了教堂正面的结构，还雕刻了三扇大门两侧的浮雕，浮雕内容取自从“创世纪”到“最后的审判”的圣经故事画面。三扇大门则出自西西里雕刻家艾米利奥·格雷科（Emilio Greco，1913—1995）之手，于1970年安装，雕刻内容再现了基督的生平故事。教堂外表信息含量之丰富，其正面是绝佳例证。

从外面的三分结构可以看出其内部布局：一个居中的本堂，两个侧廊，每一部分在西端都有一扇门。该教堂敬献给圣母玛利亚，因此大部分的马赛克装饰画内容都与圣母生平相关，就是那些取自《雅各原始福音书》（*Protevangelium of St James*）和圣徒传记故事集《黄金传奇》（*The Golden Legend*）的故事。正门上方曾经有一尊圣母圣子雕塑，为妥善保存，现已被移走。

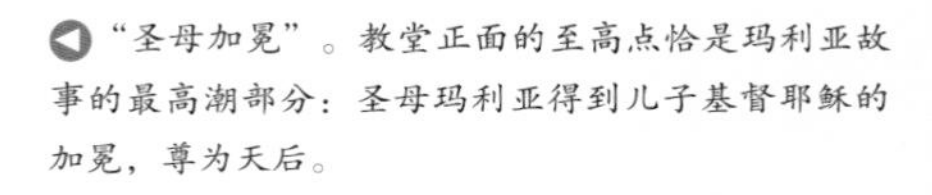

“圣母加冕”。教堂正面的至高点恰是玛利亚故事的最高潮部分：圣母玛利亚得到儿子基督耶稣的加冕，尊为天后。

玛利亚被许配给圣约瑟。乔托（Giotto，1267—1337）在斯克罗维尼礼拜堂（Scrovegni Chapel）中的一幅壁画描绘了约瑟被选为玛利亚之夫的情景（参见75页—77页）。

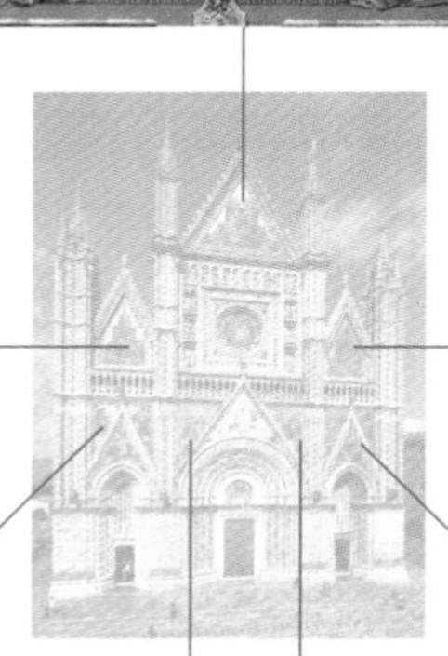

童女玛利亚来到圣殿。玛利亚少女时被若雅与安妮（Joachim and Anna）带到圣殿，她在那里和其他童女们一起成长。本幅马赛克画创作于17世纪。

“天使报喜”。相对的两幅图，加百列在左，玛利亚在右，描绘玛利亚诞下圣婴。玛利亚的受洗呼应基督的受洗（此图就在“天使报喜”图正下方）

正门两侧上方，众使徒惊讶地目睹天使们带着圣母飞升上天。（本图拍摄时，中央的“圣母升天”图亟需修缮，马赛克上贴着白纸，以防镶嵌磁砖掉落。）

“圣母诞生”：圣安妮躺在床上，接生婆在清洗新生儿。此马赛克画左上方和右上方的两个三角壁中，玛利亚的父母若雅与安妮分别得到喜讯。

登堂入室

"我就是门，凡从我进来的，必然得救。"
——《约翰福音》10:9

《约翰福音》中记录的这段耶稣的箴言，让我们意识到，万事万物皆可有象征意义，而建筑物的任何部分亦当如此。教堂的门不仅仅是人们登堂入室要经过的那个实物的存在，还是一种精神的存在，是通往救赎的道路的一部分。如果视教堂为"尘世之天堂"（对很多人而言确是如此），那么教堂之门就是"天堂之门"，因而可相应地加以装饰。

教堂西面

传统的教堂坐东朝西，正门在西面（多数情况下，此门只用于最最重要的场合和仪式）。因而教堂的西面是正面，装饰最为华美。比如林肯大教堂(参见14页插图)，正面向两侧延展，远远宽过本堂，让整座教堂显得极为宏阔，壮观无比，气度非凡。

教堂的正面有如竖在教堂前面的一面屏风，类似于许多教堂在其圣坛或长老席前面设置隔屏一般（参见51页—53页）。圣坛隔屏往往装饰精美，同样，整座教堂的"隔屏"也可以精工细刻，用雕刻和塑像来装点，前来敬拜的信众也可预先有个准备，待登堂入室后便能全身心浸淫到圣经所传达的讯息中。从教堂的正面还能窥见教堂的内部结构形式，比如奥维多大教堂和比萨大教堂（参见21页及154页）。和奥维多大教堂一样，比萨大教堂亦是三分结构（tripartite structure），位于中央的部分高耸宏阔，对称的两翼部分稍矮。门亦如此，中间的门要比两边的门宽大。从这样的正门便能知晓，该教堂内有一个宏大的中央本堂，本堂两边还有侧廊。

正门雕塑可繁可简，但通常与本教堂息息相关，它能告诉我们，该教堂敬献的是哪位圣徒。比如伦敦的圣保罗大教堂（参见197页插图），其正面有一幅浮雕，讲述的是保罗在前往大马士革路上皈依基督的故事，就在西门上方的三角楣饰中。还有的教堂内外呼应，看到外部装饰，便能预知登堂入室后将会学习到的所有功课。诸多画面中，通常会有"最后的审判"：到了那最后的时限，虔信者将步入"天堂的大门"——天堂之门就在教堂之门的正上方。似乎在提醒人们快快进入教堂，而不在教堂时则要过一种为义的生活。

有些教堂的装饰设计是全盘考虑、浑然一体的，比如沙特尔大教堂（参见19页）。大教堂北面、南面和西面的大门上的新旧约故事和人物，都是连贯呼应的：从基督诞生、基督升天，到圣母之死、圣母升天，以及各式圣徒故事，直至"最后的审判"。门边有雕塑，门上也有故事。黄铜的大门因其堂皇富贵之气，在罗马帝国便很受青睐，此后历经拜占庭、文艺复兴，直至今日，依旧为人们所喜。

过渡地带

进了教堂的门，不一定就步入了教堂。有的教堂还有前厅（narthex），是一个供过渡的

▶ 荣耀之门（Portico da Gloria）

"马提欧大师"（Master Mateo），1168—1188，圣地亚哥•德•孔波斯特拉（Santiago de Compostela），西班牙

拱楣（tympanum）雕刻着众多人物，至尊位置属于基督。圣詹姆斯（Saint James，西班牙语称呼为Santiago）就在其正下方的间柱（trumeau）上，该间柱将教堂的门口一分为二。

圣乔治大教堂（Cathedral of St George）的西门“尼科洛（Niccolo）”，1135，费拉拉（Ferrara），意大利

环绕拱楣有半圈铭文，声明这是雕刻家尼科洛的作品，且标注了一个时间：1135年。不过，这个时间可以是指雕刻的时间，也可以是指整座建筑动工的时间，或者完工及献堂礼的时间。

1 拱楣（拱圈与楣石间的半圆部分）：
拱楣浮雕的内容是屠龙的传说故事，这表明该教堂是敬献给圣乔治的。起初，费拉拉的首座教堂要小得多，且位于现在的市中心之外。于是建造了一座规模宏大许多的新教堂，以安置不久前被运至费拉拉的圣乔治圣髑。

楣石（lintel，门上方的石“梁”）：

2 拜访——天使报喜后，玛利亚前去拜访表亲以利沙伯，后者也怀有身孕，腹中之子即“施洗者”约翰。

3 基督诞生——耶稣的诞生。

4 天使向牧羊人报喜——一位天使（在本图左上方的三角壁中）告诉牧羊人耶稣诞生的消息。

5 东方三博士朝拜——东方三位智者追随（耶稣头顶的）星辰前来向耶稣致敬：第一位和耶稣及玛利亚在同一幅画面中，跪拜在地，另两位在其身后，在紧邻的画面中。

6 现身圣殿——耶稣遵循犹太法典来到圣殿，高级祭司西面认出他就是弥赛亚。

7 逃亡埃及——约瑟得到一位天使（在本图右上方的三角壁中）的通报，知道希律王的士兵就要到来，遂携玛利亚和耶稣前往埃及安全之地。

8 基督受洗——玛利亚表亲以利沙伯（参见“拜访”一图）之子约翰，为耶稣施洗，为其开始传道做预备。

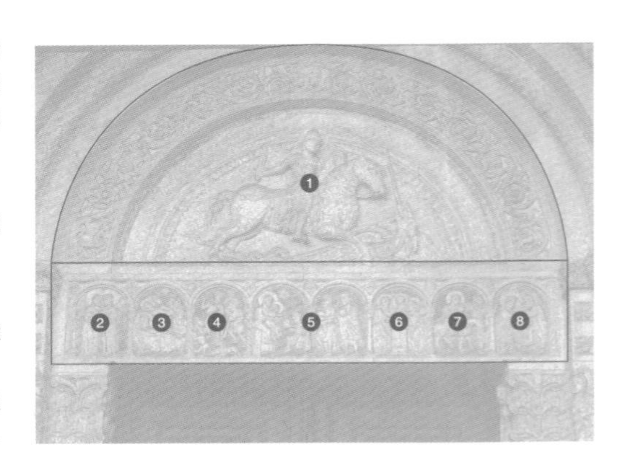

地带。在早期教堂里，新近皈依基督教的信徒（“neophytes”）在洗礼之前是不被允许进入教堂主体建筑的，便只能待在前厅。“Narthex”一词至今还在使用，虽然该区域已不再做当初的用途。这个地方可能是个狭小的封闭空间，幽冥晦暗，信徒因而迫不及待地要移步向前，步入光明——亦即神的真理。不过有时这个“前厅”却在教堂的背后，与本堂之间有一排柱子隔开。

有的教堂还有一个“加利利堂（Galilee chapel）”。名字来源于圣经，有两种解释。耶稣复活之后，门徒被告知，耶稣“在你们以先往加利利去，在那里你们要见他”（《马可福音》16:7）。该小礼拜堂是礼拜日仪式中列队穿堂仪式的必经之地，通过“加利利堂”后方能进入教堂，这意味着参与仪式的信徒就要亲睹复活之后的基督。另一种说法是，列队穿堂仪式是弥撒仪式的一部分，重现当日耶稣在被钉十字架之前从加利利前往耶路撒冷的行程。加利利堂有如门廊，是大多数英国教区教堂的重要特征。它是教堂和世俗世界之间的过渡地带，有时一些世俗事务就在门廊里进行：比如在此处订立的契约合同，不仅具备法律效力，还为神所见证，绝不可毁约。门廊还曾经做过洗礼和婚礼的地点，两种仪式都代表着进入人生新阶段。教堂门廊至今还有行政功能，最常见的是在这里张贴告示，宣布教区活动的消息。

加利利堂

1170—1175，杜伦大教堂（Durham Cathedral），英格兰

杜伦大教堂的加利利堂同时也是圣母堂（Lady Chapel）——敬献给圣母玛利亚的小礼拜堂。在英国的天主教堂内，圣母堂通常设于主祭坛之后。虽然罗马式建筑最常见的形容词是“厚实”“庞大”“堂皇”，此处层叠呼应的圆拱却呈现出令人讶异的——考虑到其修建的年代——雅致和精美。

从地面到天顶

教堂的内部风格变化万端，有平易近人的，有盛气凌人的，有克制内敛的，有生气盎然的，有幽冥晦暗的，有敞亮光明的——虽各不同，但无一不在以自己的方式体现着神圣与灵性。教堂的每一个元素——建筑、装饰和摆设物件，从下到上，从地面到天顶——无不致力于给人以神圣与灵性的第一印象。

在你脚下

步入教堂，地面不一定是你最先留意到的，但教堂的地面却通常蕴涵丰厚，意义非常。长久以来，教堂是逝者安葬之所，因而教堂的地面常嵌有墓碑、石板，石板可以抬起，让人进入教堂的地下墓室。墓碑通常为石制，富裕家庭常饰之以铜，此类“黄铜纪念碑”于中世纪英格兰尤为盛行。不过，将逝者安葬于教堂之内倒并非总是盛行。很多人不赞成此举，比如拿破仑·波拿巴，他鼓励在城镇边缘修建公共墓地。拿破仑的疆域一度幅员辽阔，此类公墓如今尚可见于欧洲各地。然而，有些教堂直至今日还容人安葬，同样也常见教堂内容纳纪念逝者的纪念碑，虽然逝者并非安葬于此。

教堂的地面或许会镶嵌圣经故事的图画，然而多数只是简单的图案装饰，或以石块砌成，或以瓷砖拼就。

无论是叙述故事的图景，还是简单的图案，都可以使用马赛克，亦即用小方块镶嵌地砖或是较大的形状对称的彩色石块拼贴而成。后者通常被称为“柯斯马蒂地面（cosmati pavements）”，该名据说源自 12—13 世纪效力于罗马的柯斯马蒂家族。不过，如此命名可能更多因为他们的作品类型。此类地面所包含

◀ 锡耶纳大教堂（Siena Cathedral）的地面

14 世纪，锡耶纳，意大利

锡耶纳大教堂的地面镶嵌彩色石头，雕刻有称之为“五彩拉毛粉饰（sgraffito）”的线雕图案。装饰图案包括圣经故事、圣徒和女预言家画像，以及本图这类貌似纯粹装饰性的部分。中央的鹰虽然可以视为福音书作者圣约翰的象征，但实际上却是暗指锡耶纳对神圣罗马帝国皇帝的效忠。

▶ 沙特尔大教堂

13 世纪，沙特尔，法国

教堂的内部装饰，从地面到天顶，无不向我们传达着神的讯息。无论是嵌于地面的迷宫（象征着高尚的人生道路不一定是笔直的），拱顶那引人神往的高度，抑或是彩色玻璃窗映射出天宇的蔚蓝，都让置身于建筑物中的我们在灵性上更加接近神。

的标准图案之一可以阐释为世界之构造，或曰宇宙（cosmos）之构造——因而以“柯斯马蒂（Cosmati）”来命名这个家族，以“柯斯马蒂式风格（cosmatesque）”来命名他们所创造的作品的类型。意大利随处可见此类风格的作品，但阿尔卑斯山脉以北就寥寥无几了——最为重要的特例存在于伦敦西敏寺内。

将地面设计成宇宙平面图的构想，生发了其他更带隐喻性的“制图”形式，比如镶嵌于某些教堂地面的迷宫图案。沙特尔大教堂的地面可为例证。和现代迷宫有所不同，教堂地面的迷宫绝无迷失的可能——没有行不通的路径。沙特尔大教堂里的迷宫，道路曲折回旋，象征着我们的人生旅程，而终究将引领我们走向位于中心的神。沿迷宫道路行走一遍，即履行了一项宗教仪式，而特别虔诚的基督徒，则双膝着地跪行一遍，作为一种悔罪的仪式，肉体因此而受的磨砺，表示他们承认自己的罪。

列队行进穿过教堂，或者在描绘耶稣受难经过的“苦路十四站”画像前驻足冥思（参见48页—49页），实为异曲同工之仪式。

天空般的穹顶

天顶也可以承载教育和启发的功能。比如穹顶，便是再现天穹的高远。有的穹顶直接被涂成蓝色，装饰着金色的星辰，仿若天空。也有用对称图案、圣徒画像及行迹图来装饰天顶的，有的甚至显然是世俗主题——阿伯丁（Aberdeen）的圣马查尔大教堂（St Machar's）的木质天顶即为有趣的例子（见对面插图）。

天顶形式多样。平顶的情况比较不常见：即便是木制天顶，也会仿照石制的穹顶，造出拱形来。不过，苏格兰阿伯丁的圣马查尔大教堂，德国希尔德斯海姆的圣米迦勒大教堂（St Michael's, Hildesheim），却是著名的平顶。为了分散屋顶的重量，其他形式的天顶也被发明出来。比如英格兰索思沃尔德的圣爱德蒙教堂（St Edmund's, Southwold）的天顶（参见41页插图），即为悬臂梁式屋顶（hammerbeam roof）：梁柱从墙壁顶端横向突出，下有托架支撑。梁柱之上还有托架，以支撑屋顶，从而将屋顶的重量分散到墙壁，同时得以在教堂的中央留出高而阔的空间来——高度很重要，令

（下转32页）

◀ 天使屋顶

15世纪，圣三一教堂（Holy Trinity Church），布莱斯堡（Blythburgh），英格兰

天使屋顶在英格兰的东安格利亚（East Anglia）尤为常见，现存的此类屋顶有好多种形式。索思沃尔德的圣爱德蒙教堂的天使（参见41页插图）从屋顶的悬臂梁上展现身姿，而布莱斯堡的圣三一教堂的天使却装饰着中央的屋脊，栖身于中世纪式样的云朵涡状圆形浮凸雕饰上。每个天使手捧一面盾牌，早先盾牌上应当有教堂捐资人的盾徽。

▶ 圣马查尔大教堂

14 世纪—15 世纪，天顶：詹姆斯•温特尔（James Winter），1519—1521，阿伯丁，苏格兰

“列邦的君王聚集……因为世界的盾牌，是属神的……”——《诗篇》47:9

阿伯丁的圣马查尔大教堂是苏格兰迄今仅存的有中世纪木制天顶的两座教堂之一，其天顶的装饰也非常特别。一般教堂内天顶上的浮凸雕饰内容是宗教故事，圣马查尔大教堂天顶上的浮雕却是 48 面纹章盾牌。中间一排的盾牌代表教会人员，最东头起是教皇利奥十世（Pope Leo X），其在位时间是从 1513 年至 1521 年。教皇之后是苏格兰教会大主教和主教们的纹章。南侧（图中右侧）一排是詹姆斯五世和苏格兰贵族们的盾牌，北侧则是神圣罗马帝国皇帝查理五世及基督教世界各君王的盾牌，法兰西和西班牙国王排在前面，英格兰王亨利八世排在第四。东墙的拱门原来没有砌死，而是通向教堂塔楼下方本堂和耳堂的十字交叉处，再过去就是耳堂和唱诗班席位。内战期间，保皇军拆除了教堂外部一些石筑工程，最终导致 1688 年中央塔楼的倒塌。这些纹章暗含的意思是，世间的权力，包括教会和国家，联合起来，效忠于基督：教皇利奥十世的纹章就在讲坛隔屏上耶稣被钉十字架塑像（Crucifixion）前面。想想当时的历史事实，不无趣味：1521 年，正当此天顶建造的时候，教皇利奥十世不仅将马丁•路德驱逐出了教会，而且还授予亨利八世“信仰的护卫者”称号。1535 年亨利八世的英格兰脱离罗马教廷之时，苏格兰还毫无改革之意，要到 1560 年苏格兰正式脱离罗马教廷后，此地的宗教改革方得以开始。

纹章 1: 皇帝（查理五世）

纹章 2: 教皇（利奥十世）

纹章 3: 苏格兰国王（詹姆斯五世）

耶西之树

约 1230 年，圣米迦勒大教堂，希尔德斯海姆，德国

耶西之树是基督教艺术中最经常被描绘的旧约预言，源自《以赛亚书》11:1：“从耶西的本必发一条，从他根生的枝子必结果实。”后世对此篇章的解释是，耶西的后代之一将是弥赛亚，于是用家族树的形式把基督的祖系族谱描绘出来。在希尔德斯海姆的圣米迦勒大教堂的天顶上，亚当和夏娃靠近教堂入口，就在西大门的上方。当我们向着基督的画像庄严前行，也是在走向教堂的祭坛，走向我们的救赎。战争期间整座教堂受到严重破坏，天顶得以幸存，端赖 1943 年将其拆卸，移至别处妥善保存。1650 年教堂十字交叉处倒塌时，原来的基督塑像也被毁。天顶归置原处时，重造了基督塑像。

天顶边缘共有 42 个圆圈，圈内是耶西后代的画像，直到约瑟，如《路加福音》第三章中所列。

如图中所示，树干从耶西身后生发出来，形象地表现了一个隐喻。耶西在酣眠中：这也许是影射，亚当就是在熟睡中被神取出肋骨创造了夏娃。

◀ 大树两旁的方块内主要是先知的画像，他们手中的卷轴上镌刻着他们的训导。本图为以赛亚，卷轴上写的是“Ecce Virgo（看哪，童女）”，他预言童女怀孕生子的开头部分：“看哪，必有童女怀孕生子”（《以赛亚书》7:14）。

▶ 童女玛利亚手握一个红线轴，典出《雅各原始福音书》，该书讲述了她孩提时和其他童女一起为圣殿纺织面纱的故事。她的手势，呼应着夏娃手持苹果的姿势，暗示玛利亚是“新夏娃”（参见74页）。

◀ 这个人物被标注为“拿单（NATAN）”，根据《路加福音》，拿单是大卫的儿子，约瑟出自他这一支。不过，站在地面，是几乎看不清这些字的，如此装饰，既是为教导世人，更是为荣耀神。

▶ 所罗门王尊坐于大树的枝桠上。他是大卫王的儿子，耶西的曾孙。三位都有画像在天顶上。这不仅为强调耶稣出自大卫王家族，一如预言所示，而且也表明他乃出自王室一脉。这不仅在神学上意义重大，政治上亦如此，因为谱系和王统对13世纪的社会来说非常关键。

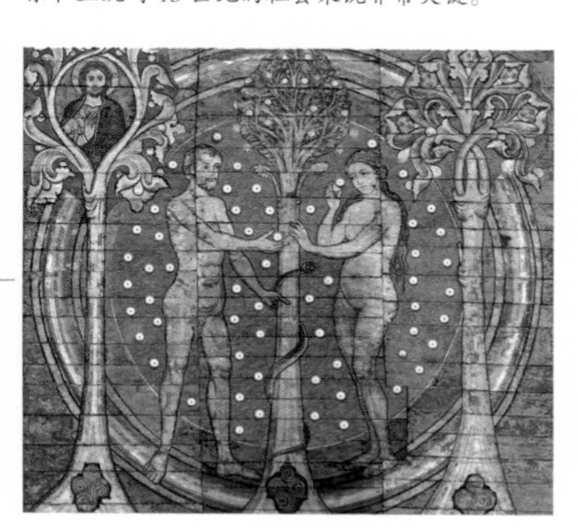

◀ 亚当和夏娃分站知识树的两旁，夏娃举起握着禁果的手。左侧的生命树上有一幅耶稣画像。

人心生敬畏，进而体认灵性。悬臂梁通常雕刻有天使作为装饰，让天顶更加状若天宇。选择木制天顶，是因为轻，容易支撑，造价低廉。然而，木头易燃易潮，因此石头更为人所喜。石头要昂贵许多，除了材料费，还要考虑加固墙壁或扶壁以求足以支撑屋顶重量的费用。石制拱券有许多类型，有相对简单的四部拱券，也有更为精致的扇形拱券（见下图）。

除了木头和石头，也有用瓷砖或陶块的。拜占庭工程师们发明了一种砖块拱券，使用的瓷砖是圆柱形中空的。中空意味着更轻，从而减少墙壁的负担。砖块的另一优点是，其上可覆盖马赛克，这种技术的最佳例证在威尼斯的圣马可大教堂（St Mark's Basilica，参见 137 页）。

△ **诺威治大教堂**　11 世纪—15 世纪，诺威治，英格兰

诺威治大教堂天顶的 1106 个浮凸雕饰，都是就地雕刻和上色的。本堂上方有 250 个（见右图），内容是圣经故事里的人类史，从最东头的创世纪开始，一路向西，途经旧约、新约（包括引人入胜的浮雕“最后的晚餐”，见上图），最终到达最西头的“最后的审判”。罗马式的木结构天顶和屋顶毁于 1463 年的一场大火，现在的石头拱顶始建于 1470 年。虽然其风格是哥特式的，“新”天顶和原有建筑吻合得天衣无缝，因其节奏与其下的罗马式本堂协调一致，似乎就是从那些窗间壁（piers）和罗马式混合柱型（composite columns）上喷发而出的。

越来越复杂的天顶式样

石制拱券天顶的主要重量由肋梁承担，其原理和拱门能够支撑墙壁是一样的。对角线的肋梁交汇之处，就有一个浮凸雕饰，其建筑上的作用等同于拱门上端的拱心石（keystone）：它支撑它所联结的两道肋梁。浮凸雕饰向下的重力还能稳固肋梁，给它们一个向下的拉力，有效地让肋梁固定在支撑它们的墙壁或扶壁上。石拱券类型多样，在哥特时期逐渐变得越来越复杂。右侧插图是三种最常见的类型。

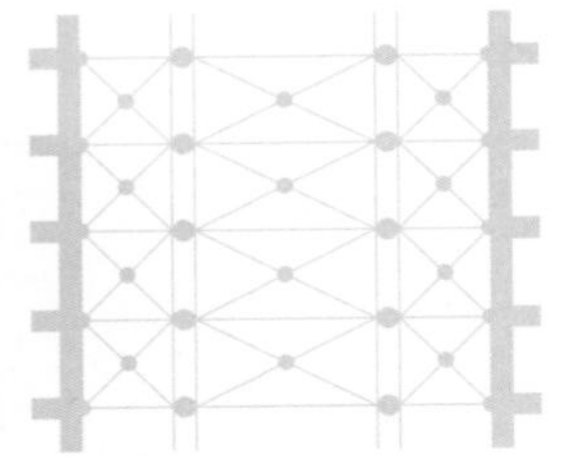

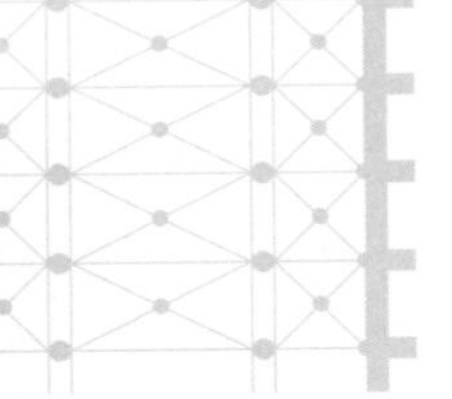

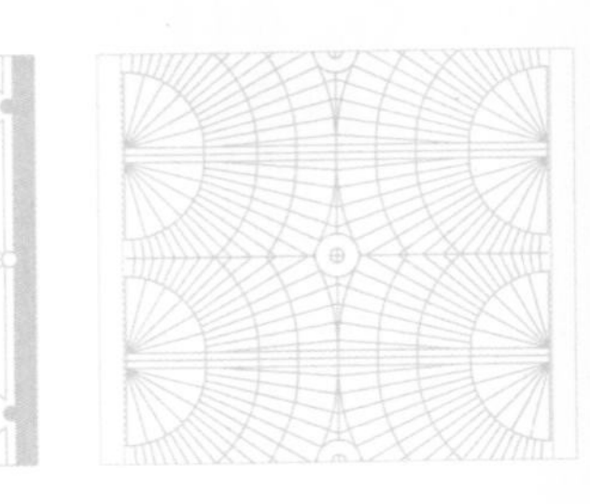

四部拱券（Quadripartite Vault）

四部拱券是石制天顶最简单的形式，比如沙特尔大教堂和杜伦大教堂的拱券（分别参见 27 页和 147 页插图）。如此命名是因为，在平行的肋梁之间的屋顶被一双交叉于屋顶中央的对角线肋梁分成了四部分。

枝肋拱券（Lierne Vault）

更复杂的拱券包含许多短小的肋梁，其作用不是支撑屋顶，而是为装饰效果。这种肋梁叫枝肋，这种拱券于是叫枝肋拱券，13 世纪—15 世纪最为常见。枝肋拱券的最佳范例是诺威治大教堂的天顶。

扇形拱券（Fan Vault）

从枝肋拱券发展出了扇形拱券，所有肋梁都从支撑的斗拱（bracket）上均匀地辐射开去。两个最著名的范例是坎特伯雷大教堂的哈利钟楼（Bell Harry Tower in Canterbury Cathedral）和剑桥大学国王学院的礼拜堂（分别参见 2 页和 160 页插图），它们的设计者和建造者是同一人：约翰 • 沃慈戴尔（John Wastell，1460—1515）。

墙与窗

窗户与墙壁面积成反比——窗户越大，窗户之间的墙壁面积越小。早期教堂的窗户一般都小，因为需要足够厚重的墙壁来支撑屋顶，而且玻璃稀缺昂贵。在基督教诞生之地，和暖温煦的地中海气候中，窗户大可不必有玻璃。窗户开口既小，可以用非常薄的雪花石膏板（alabaster）来遮挡，半透明的薄板漏进温和而昏黄的光线，营造出神圣之氛围（后来的彩绘玻璃同此功效）。剩下的大片面积的墙壁可以用马赛克装饰，如加拉·普拉契狄亚墓内的马赛克壁画（见下图），或绘以图画。彩绘的壁画分两种，一种是干墙壁画（mural），即在干的墙壁上彩绘的画；一种是湿灰泥壁画（fresco），即在湿的灰泥上彩绘的画。湿灰泥壁画更适宜于干燥环境：比如意大利境内，

加拉·普拉契狄亚墓
（Mausoleum of Galla Placidia）
5 世纪，拉韦纳（Ravenna），意大利

虽然这是为罗马皇帝狄奥多西一世（Theodosius Ⅰ）之女加拉·普拉契狄亚建造的陵墓，但她并没有安葬于此。狭小窗户的雪花石膏薄板透进的光亮只够让人看到布满所有墙面的富丽堂皇的马赛克内饰的大致图案。其中有一幅重要图画如下：这是一个圣徒形象，普遍认为是圣劳伦斯（Lawrence），因为他的殉道方式是被架在烤架上炙烤而亡；不过也有可能是圣维克多（Victor），他同样受过炙烤的酷刑，之后还被鞭打，最后被扔在牢里直到死去。柜子里摆放的书卷上标注着“马可”“路加”“马太”“约翰”——四福音书。圣维克多神情坚毅，流露出愿为见证对神的信仰而赴汤蹈火、万死不辞的决心，从雪花石膏薄板透进来的昏黄光亮则恰似下面熊熊烈火的光焰。

内陆的佛罗伦萨要比威尼斯潟湖众岛有更多的湿灰泥壁画。在气候尤其炎热的地方，墙壁上有时会贴瓷砖：色彩斑斓的釉面瓷砖或蓝彩瓷砖（azulejo）已成为葡萄牙教堂的典型特征。

早期教堂里，窗户的功能之一是让光线透进来，好让会众看清楚墙上的绘画。可惜的是，早期教堂的墙画鲜有幸存。部分原因是技术问题：灰泥很容易受潮而坏损，因而经常需要更换。早期墙画稀缺的另一原因是：时代更迭，艺术趣味变化，教堂装饰亦需与时俱进——这也反映出崇拜形式和内容的变化。宗教改革期间尤是如此，反对偶像崇拜的人主张全面捣毁雕塑和绘画（参见 179 页）。只有极少数情况，人们在原来墙画上粉刷了事,不让人看见就行,若是这种情况，当代的复原技术就能够使之重见天日。还有别的情况，比如著名的罗切斯特大教堂（Rochester Cathedral）里的“命运之轮”干墙壁画得以幸存，是因为在宗教改革之前，教堂进行内部改造时，壁画被遮蔽隐匿。

早先墙画在北欧很常见，但是到 13 世纪发展出飞扶壁，意味着墙壁的逐渐消失：有些哥特式教堂，至少从内观之，似乎完全由玻璃筑就，使得教堂内部色彩富丽绝伦。玻璃不仅能营造气氛，还能担当讲古叙事、传道达义的功能。教堂窗户的设计不是让人们向外观望风景，而是向内省视自身，让我们置身于神的讯息中，一如当年的墙壁。

命运之轮　13 世纪，罗切斯特大教堂，英格兰

这幅壁画是英伦现存最精美的 13 世纪壁画之一。虽然周围的图画在 17 世纪内战中尽遭毁坏，但这一部分因为被后建的一个讲坛所遮蔽而幸免于难，到 19 世纪重建唱诗班座席时才被人发现。尽管教会坚称，我们的一切取决于神，但像这样的世俗主题仍然屡见不鲜：让我们时时谨记，我们不能掌控自己的命运，因而要信托神。

彩绘玻璃

“窗上有画，为的是让那些目不识丁、读不了圣经的人看到他们需要相信的一切。”——圣丹尼斯的修道院长苏格（Abbot Suger of St Denis，1081—1151）

若无教会的支持，彩绘玻璃断无如此之高的地位。像修道院长苏格这样有影响力的思想家便意识到，玻璃可以用来照亮蒙昧者——完全可以按字面意思来理解。于教会而言，光明是非常重要的一个象征，这一点很关键（参见108页—110页），使用玻璃后，这就成为更加具体的象征了。圣母玛利亚诞下耶稣——“世上的光”——而仍保处女之身；同样，光穿透玻璃，而不改玻璃分毫。若玻璃是彩色的，象征意义又更深一层了：穿过玻璃的光变成与玻璃同色，就像神曾“通过”玛利亚，将她的悲悯情怀投射到了耶稣身上。

彩绘玻璃的技术是逐渐而缓慢发展的。通常的做法是用铅条将各种颜色的小片玻璃拼合在一起，铅条勾勒出人们所熟知的粗黑轮廓。最初只有几种颜色的玻璃，但反而有简洁的效果，大大提高了形象的清晰度。尽管单片玻璃的颜色不同，一些比如脸、衣物褶皱等细部则是画上去的。为了增加颜色的种类，玻璃可以被“染色”，做法是添加一种氧化银，然后放进窑里煅烧。随着文艺复兴时期绘画中越来越多现实主义色彩，类似的创新也应用到玻璃上，于是出现了“绘画窗”，这样的窗户既有赖于彩绘的画像，也有赖于变化多样的彩色玻璃。到17世纪，多数的“绘画”使用珐琅玻璃：色彩富丽的玻璃被磨成粉，再涂到无色玻璃上，然后煅烧。

直到19世纪至20世纪，才又出现重大创新：美国艺术家，如路易斯·康福特·蒂梵尼（Louis Comfort Tiffany，1848—1933），开始使用乳白玻璃（opalescent glass），颜色变化则通过蚀刻来获得。

▶ 玫瑰南窗

尚·德·谢耶（Jean de Chelles）和皮耶·德·蒙特厄依（Pierre de Montreuil），1260，巴黎圣母院，法国巴黎

玫瑰南窗的出资人是法王路易九世，他是唯一一位被封为圣徒的法国国王。中央画像原本是一幅环以光轮的基督圣像（Christ in Majesty），周围环绕着十二门徒，但原来的玻璃遭到严重损毁和屡次修复，现今已散布窗户各处。

罗马式

单窗孔，开口宽大，顶部呈半圆。

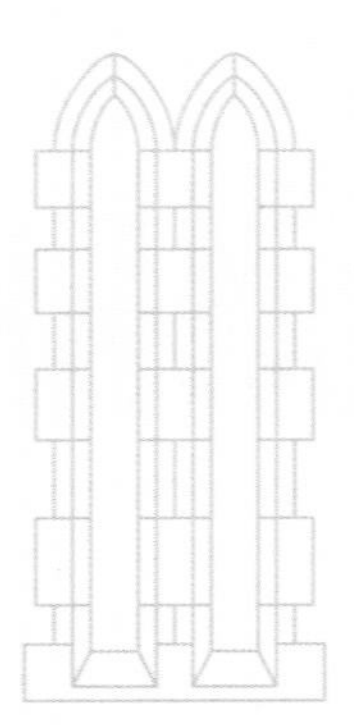

早期英式

高挑细长的尖顶窗，两个一组或三个一组地并列。

装饰式（哥特式）

窗花格的垂直部件到顶端时生发出对称或曲线的图形。

垂直式

窗花格的垂直部件保持平行直达窗户顶端。

窗花格（Tracery）的演变

彩绘玻璃在发展，镶嵌玻璃的窗子也在变革。早年的教堂一般是单窗孔，而哥特式建筑则发展出更复杂也更多样的形式。在英国，早期的英式建筑喜欢三三两两并列一处的高挑细长的窗孔，或曰尖顶窗。虽并列紧挨着，但窗与窗之间的墙壁足够厚实，因而每扇尖顶窗都是不折不扣的独立窗户。后来，窗孔越来越大，墙壁的面积也就越来越小，一种叫窗花格的石质薄窗框被嵌入，既可固定玻璃，又能添加花样翻新的图案。左图4例可简要概括10世纪到15世纪期间在英国可见的窗户类型的演变历史。

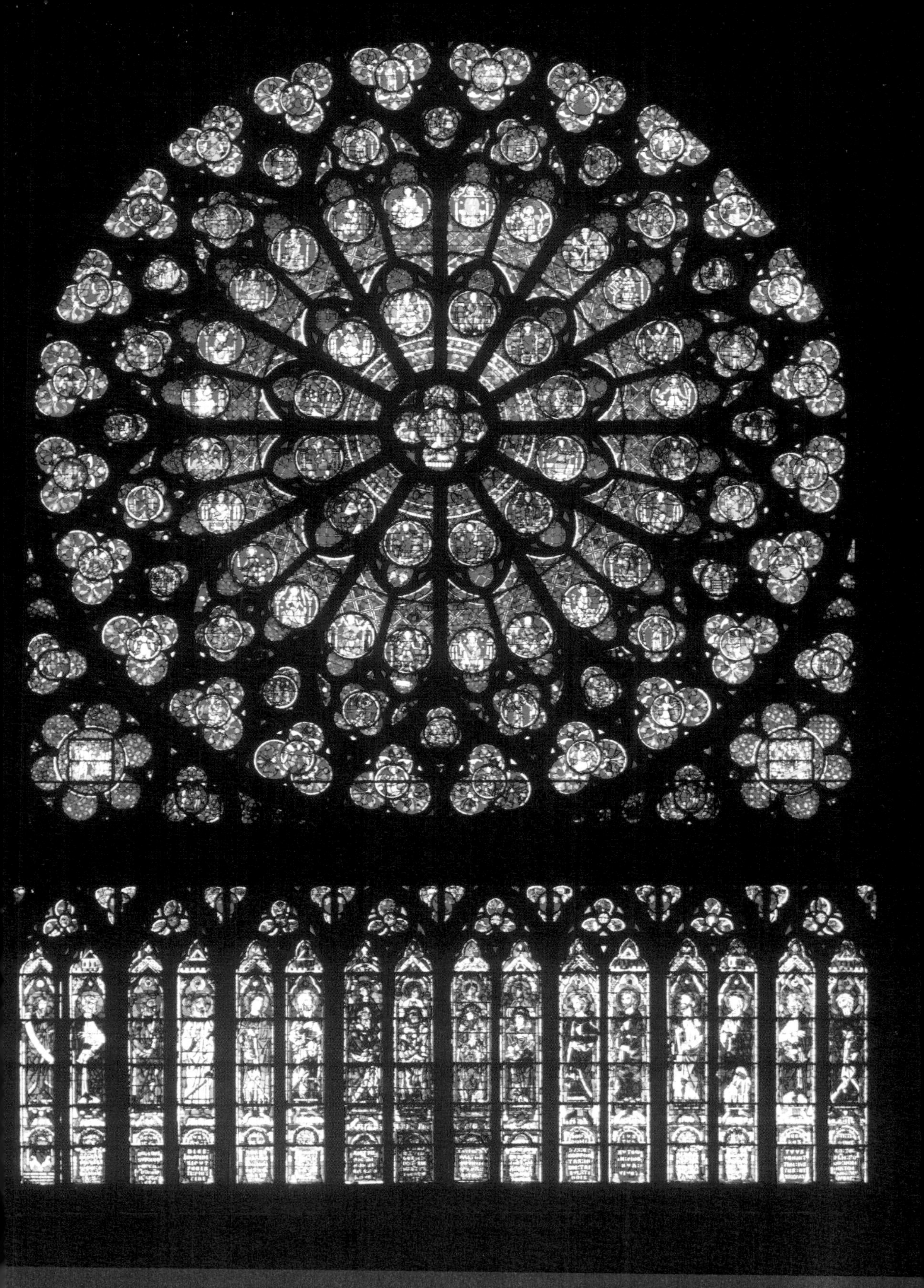

好撒玛利亚人[1]（The Good Samaritan）窗

约 1210 年，沙特尔大教堂，法国

沙特尔大教堂是世界上最宏富的彩绘玻璃窗宝库之一。1194 年大火之后，当地民众鼎力支持，集财出资，大教堂得以在不到 30 年的时间内重建，堪称神速。所有的窗户都是由城市各同业公会捐赠，既为表明对神的忠诚奉献，亦为炫财耀富。教堂共有 186 扇窗户，其中 152 扇至今还是原来 13 世纪的玻璃，有万幅之多的图画，形式内容各个不同。如此浩繁的作品不仅将整个圣经的内容悉数展示，还描绘了圣徒们的生平，阐述了大量的神学理念。有的窗户上，旧约故事与新约故事遥相呼应，前者被阐释为后者的前兆，是一种通常的做法（参见 74 页—77 页）；而有的窗户上，圣经故事被用来注解耶稣的箴言。例如，在一扇由鞋匠同业公会捐资的窗户上，好撒玛利亚人的寓言和神造人及人类堕落的叙事被相提并论——这样的阐释可以在圣奥古斯丁和圣比德（Venerable Bede，672/673—735）等人的著述里找到。离开耶路撒冷前往耶利哥的朝圣者被阐释为正从天堂去往人世的灵魂。朝圣者受到袭击，就好比灵魂在人生之旅中受到罪恶的侵扰——这罪，就是由亚当夏娃最初带至人世间的。全窗共 24 幅画，如右图，我们可以按照红色数字所标注的顺序，从下往上、从左往右来读这些画。

1. 见《路加福音》10:25—37。耶稣讲述的一则寓言：一个犹太人被强盗打劫，受了重伤，躺在路边，有祭司和利未人路过但不闻不问，唯有一个撒玛利亚人路过，不顾隔阂，动了慈心照应他，还自己出钱把他送进旅店。——译注

▼ 鞋匠同业公会共捐赠了两扇窗户，好撒玛利亚人窗是其中之一。窗户底部的画，1—3 部分，描绘的是该同业公会成员正在劳作的场景。这里的人物就算并非完全是现实人物的再现，其功效却也毫不逊色于那些更写实的捐赠者画像，比如 114 页理查·德·维希·范德·卡贝尔（Richard de Visch van der Capelle）的画像。（还可参照 124 页—126 页。）

在第11幅画中，旅店老板迎接由好撒玛利亚人送来的受伤者，就像在天堂的大门口迎候的圣彼得：由基督引领至此的灵魂，回返天堂。

窗户顶部的几幅画中，表现的是神创造亚当和夏娃，以及亚当夏娃的堕落。第20幅画中亚当夏娃被逐出天堂，第21幅画中他们不得不劳作。最顶端的第24幅画中，基督端坐，进行最后的审判，他的右手抬起，以示祝福。

在第4幅画中，白色十字架、红色光轮表示这是耶稣，他正在给人讲好撒玛利亚人的寓言，他抬起的手表示他在讲话。在第8幅画中，没有救助受伤者的祭司和利未人代表的是摩西律法，该律法不具备拯救我们的能力。

第18幅画表现的是人类的堕落：亚当因吃禁果而呛住。只有两幅圆形画，另一幅是第10幅，表现的是撒玛利亚人，代表着基督，引领朝圣者走向救赎之路。

第5幅画中，朝圣者从耶路撒冷出发，前往耶利哥。第6幅画中，一强人从树后窜出，偷袭朝圣者。

第7幅画中，众强盗殴打朝圣者，呼应正上方窗户顶端第23幅画中该隐杀害亚伯。

本堂之内

墙壁与窗户之内，屋顶与地面之间，容纳着对教堂的日常生活而言至关重要的固定或不固定的装置设施。教堂内举行的各种重要仪式（涵盖我们从摇篮到坟墓、从生到死的整个过程），都要使用它们。它们让我们见识到，日常生活如何成为敬拜神的一部分。这些装置大都在本堂之内，而本堂自古以来就是教堂内最为广大信众所熟悉的部分。

本堂的英文词 nave 源自拉丁文 navis，意思是“船”。如此命名，是要我们时时铭记，会众的人生旅途中，教会将保护和引领他们，一如狂风暴雨的大海上，船儿保护着乘客。航海的联想在基督教中根深蒂固。耶稣的主要传教活动就在加利利海周边地区，他的好几个门徒都是渔夫。耶稣平息巨浪滔天的风暴，便是令其追随者信服，尊他为弥赛亚的原因之一（见《马可福音》4:35—40）。

圣爱德蒙教区教堂

15 世纪及以后，索思沃尔德，英格兰宗教改革之后，许多英国教堂逐渐变得年久失修，圣爱德蒙教堂便是如此，而且又在 18 世纪的改造中遭到进一步的破坏。教堂最终于 1920 年代后期得到修复，建筑师是 F. E. 霍华德（F. E. Howard，1888—1934），他称该教堂可以成为整个英国的教区教堂的典范。

1. 读经台：摆放圣经以供诵读的台子。这个出自 F. E. 霍华德的新哥特式范例，灵感来自大量哥特式原件。柱身上雕刻着四福音传道者，亦即四福音书作者。

2. 讲坛：牧师在讲坛上布道，讲坛高出地面，好让会众看得更清楚。这个讲坛是中世纪原件，但看上去就像是 1920 年代重新修复的。

3. 洗礼盆：15 世纪的八边形洗礼盆，就在教堂入口处——洗礼仪式意味着进入教会的生活。台阶（供牧师、父母和教父母之用）和洗礼盆罩（据说是英国最高的）均为霍华德作品，取代已被毁损破坏的原件。

4. 纹章匾：纹章匾为一种丧葬纪念物，上有逝者的纹章（这个属于詹姆斯•罗宾森，于 1836 年辞世）。纹章匾会在葬仪中展示，然后安置在教堂里。纹章匾曾经在英国和荷兰很常见，17 世纪描绘教堂内部的荷兰绘画中常有此物。

5. 座席：教堂里座席的布置屡经改变。起先没有座席，但宗教改革以降，座席越来越成为常见之物，因为此时言说的话语成为重点，让会众能专心聆听就变得重要了。此处座席是 19 世纪中叶的靠背长椅。

6. 屋顶：木结构屋顶由悬臂梁支撑，梁上装饰着天使（参见 28 页）。

7. 索思沃尔德杰克：“杰克”司职敲钟。这一个是 15 世纪后期的原件，还穿着玫瑰战争期间将士们穿的甲胄。杰克原本附着在钟上，很可能既要报时，还要报刻。时间于教堂而言十分重要，不仅各种仪式要按时进行，我们的生命也在时间的度量之中。

圣爱德蒙教堂的圣坛插图见 51 页

神的道

“太初有道，道与神同在，道就是神。”
——《约翰福音》1:1

布道向来是基督教之根本，耶稣自己就是这样行的。在被称为“登山宝训”（《马太福音》5—7）的那次，见这许多的人前来，耶稣就“上了山”，好让人人都能看到他，听到他。讲坛的功能和最初的那座山是一样的。实际上，“讲坛”的英文“pulpit”来自拉丁文“pulpitum”，指的是供演说者站立的高于地面的木制台面，或是供演员演出的舞台。（大一点的教堂常有一种屏风，名字也来自这个词。参见52页—53页。）在早期教会中，诵经台（ambo）的作用类似于此：副助祭诵读使徒书，助祭诵读福音书，二人分站通往诵经台的两侧台阶上。后来为了方便起见，变成两个诵经台，唱诗班席座两侧一边一个。再后来两个诵经台中的一个被读经台（lectern）取代，因为毕竟只是一个有倾斜角度、摆放圣经供人诵读的台子。

在大点的教堂里，讲坛可能在本堂的中部，好让更多会众听到讲道。尤其在新教教堂里，宣讲布道成为重中之重，讲坛的位置也就更加居中了（参见199页）。宗教改革后，讲坛常常建得更高，好让布道者不仅对本堂内的会众说话，还对建在本堂侧廊之上的楼厢里的会众说话。一些讲坛甚至建了好几层：最上层布道，下几层读经和发布消息。

读经台通常由一个雕刻的鹰承载读经台面，因为鹰是福音传道者约翰的象征，《约翰福音》开篇就明白称耶稣为“神的道”——因此，鹰承载的是“道”。偶尔有用鹈鹕来背负台面的，人们曾经认为此鸟掏心掏肺来哺育幼鸟，令人思及基督的自我牺牲（参见118页）——读经台使用鹈鹕也许是把它误当成圣约翰的鹰了，再或者只是因为它展开的宽大翅膀非常适合在上面摆放一本打开的书。

读经台

约1150年，市教堂（Stadtkirche），弗罗伊登施塔特（Freudenstadt），德国

在这个读经台上承载圣经的不仅仅是鹰，还有长翅膀的狮子、牛和天使，这几样分别是四福音书作者约翰、马可、路加和马太的象征。此外，之下还有四男子——代表四圣本人——背负该台座，石雕线条道劲圆融，属古罗马风格。

讲坛

亨德里克·弗朗西斯·费尔布鲁根（Hendrik Francs Verbruggen，1654—1724），1699，圣米迦勒和圣女古多拉大教堂（St Michael and St Gudula），布鲁塞尔，比利时

这件令人叹为观止的建筑物几乎可以定义“巴洛克”一词：想象力奔放，戏剧性强，激情洋溢，激烈夸张。两侧均有楼梯，从本堂通上讲坛。讲坛上方的增音板（或曰“天盖”）的设计是为将布道者的声音汇聚起来，然后扩散开去，遍及会众。天盖下有“圣灵降临”的图案：暗示布道者为圣灵所启示，倒是常见。让这座讲坛超乎寻常的是其周身无数的雕刻。讲坛底下，右侧是悬在空中的骷髅死神，将堕落后的亚当和夏娃驱逐出天堂，而大天使米迦勒(此处形象较为传统)在左侧挥舞着他的剑。天盖看上去是由飞翔着的众天使负载的，天盖顶上矗立着得胜的“无染原罪”[1] 圣母玛利亚。圣母的形象符合《启示录》12:1 的描述：“天上现出大异象来，有一个妇人，身披日头，脚踏月亮，头戴十二星的冠冕。”她的脚边是小基督，和她一道握紧十字架形的长矛，他们就是用这长矛刺穿了恶蛇的头颅。讲坛传达的信息是，人类因为亚当和夏娃而堕落了，原罪带来死亡。耶稣，在玛利亚的帮助下，战胜了原罪，我们因此得救。耶稣和玛利亚实际上代表了新亚当和新夏娃：一个全新的开始，让我们回到神最初设想的完美。

1. The Immaculate Conception：又称圣母无原罪始胎，是天主教关于圣母玛利亚的四大教义之一，认为玛利亚在成胎之时就已蒙受天主的特恩，使其免于原罪的玷染。——译注

生命之水

“人若不是从水和圣灵生的，就不能进神的国。”——《约翰福音》3:5

耶稣开始传教之前，由他的表兄约翰在约旦河为其施洗。“清洗干净”象征着灵魂的纯净，标志着全新的开始。因为耶稣本人曾经参与此项仪式，几乎所有的基督徒都奉行洗礼的圣事，即使宗教改革也未改变这一点（参见 179 页—183 页）。有关基督受洗的大多数画面中，耶稣站在河中，施洗者约翰倒水在他头顶。通常水很浅，但在早期的画面中，耶稣几乎完全浸没水中。洗礼仪式现在仍然有完全浸没水中的（希腊原文的 baptizo 的意思就是“浸没”），但更常见的做法是在头顶洒水。洗礼盆的大小取决于洗礼的形式，不过索尔兹伯里大教堂新近安装的洗礼盆就设计得适用于两种仪式（参见 130 页）。

早期教会中洗礼仪式大多是完全浸没的，因而需要大洗礼盆，通常另辟处所，或就在与主教堂相连的建筑里。要与主教堂区隔开来，是因为新近皈依的信徒必须受洗后才能进入教堂。自 9 世纪开始了新生儿受洗，洗礼仪式越来越多的是洒水在头上，于是洗礼盆也就小了，且被挪入教堂内。然而，直至今日，洗礼盆大多还靠近教堂入口，因为洗礼被视为进入教会的正式欢迎仪式，同时也象征着洗清罪恶。新教的有些分支把洗礼仪式尊为重中之重，洗礼盆也因而安置在教堂的正中央。

洗礼盆的外观千变万化，不过基本上不是圆形就是八边形。圆形代表着延续和完美，象征天堂——洗礼清洗掉我们的罪，给予我们进入永生的可能。八边形代表着第八天，在一周七日看似无休无止的周而复始后，终于到了终结的一天，也就是“审判日”——因此也代表着我们在天堂的前景。洗礼盆通常装饰着基督受洗的画面，也可以有施洗者约翰的生平故事场景，或者圣经里有关洗礼的其他描述。八边形洗礼盆可能会把洗礼列为七大圣事之首，每一圣事的图画占一面，第八面让给更为寻常的图画，比如天使。索思沃尔德的圣爱德蒙教堂的洗礼盆就曾经如此（参见 40 页—41 页），不过宗教改革后，面上的浮雕被凿去磨平。

◀ 洗礼盆

杜伦的理查德（Richard of Durham），12 世纪，圣布里吉特大教堂（St Bridget's），布莱德科克（Bridekirk），英格兰

这个洗礼盆上的图案源自更早时候诺曼时期之前的原型，有一面的上部是基督受洗的图案。但它几乎是独一无二的地方是，有一面上还有艺术家自己的形象，手持锤子和凿子，正在雕刻。铭文是斯堪的纳维亚语和早期英格兰卢恩语[1]的混杂，可见当时英伦人口的混杂。铭文可以翻译如下：“理查德的精雕细琢成就了我，使我臻至完美。”

1.Rune：斯堪的纳维亚人和盎格鲁撒克逊人刻于木石上的古日尔曼字母。——译注

洗涤、净化的水

水为清洁之用，这在基督教是贯穿始终的。进入一座罗马天主教堂，人们按习俗要蘸经过祝福的水在胸前划十字，因此，通常一进门就会有个圣水盆。在那些由天主教堂改造成的新教教堂里，很少有圣水盆能留存下来。弥撒仪式中使用的杯盏器皿需要被仪式性地清洗，这通常在排水石盆（piscina）——祭坛近旁的小石盆——中进行，挨着石盆的是圣器壁龛（aumbry）或橱柜，杯盏器皿就收放在这里面。排水石盆和圣器壁龛通常就在祭司席（sedilia）的近旁（参见 50 页—51 页插图）。

过去，修道院内的修士在用餐前必须洗手。虽说这在如今已是一个通行的卫生习惯，但在中世纪时并不常见。这个仪式有洗净罪恶的象征涵义，同时也意味着修士通常比普通人健康许多，虽然他们不一定知道原因何在。食堂或餐厅在修道院之外，于是通常能在修道院里面找到一个盥洗室（lavatorium）。盥洗室通常坐落在修道院的西南角，或是西侧，即便当修道院的功能已然改变后，盥洗室常常还在。有的嵌入修道院内墙，如诺威治大教堂；有的突入庭院，形成一个单独的房间，如波布列的圣玛利亚大教堂（见右图）。

盥洗室

12 世纪，圣玛利亚熙笃会修道院（Cistercian Abbey of St Mary），波布列（Poblet），西班牙

虽然外表看似简朴，这个美丽的多层喷泉让我们认识到，早期熙笃会修士们有着当时最先进的管道装置。水从顶端的小盆里喷出，然后从中部流到底部，共 34 股水流。这和许多关于“生命之泉”的图很相似（参见 172 页—173 页）。

以为纪念

君今过此地，劝君莫忘记：
死神不远君，君必有一死；
君今红颜貌，吾亦曾如此；
吾今一枯骨，他日君相似；
古丁且安息，静待审判日。
——铭文，诺威治大教堂

△ 托马斯·古丁纪念碑

16 世纪，诺威治大教堂，英格兰

托马斯·古丁的纪念碑就是一块石板上简单刻了图案字样，竖着嵌在墙里。有人因此猜测古丁也是竖着安葬的，这不是不可能，不过更有可能的是，这块石碑原本是平放着嵌于地面的，后来因为教堂内部的建筑改造而被挪了地方。

托马斯·古丁（Thomas Gooding）纪念石碑上的铭文道出，墓葬纪念建筑物至少有三重目的，最显而易见的目的是标志安葬之所。不过，并非所有纪念碑都和坟冢相连：时常有人葬于远方，却在此地有纪念碑。因此，纪念碑的第二个目的是让人们能睹物思人，缅怀逝者，形式则或赞颂其生平和成就，或请求我们为其灵魂祈祷（或二者兼备）。第三个目的，正如这段韵文说得再明白不过的，是要提醒我们，自己也终将会死去，审判日之后，或是进天堂得永生，或是下地狱受煎熬，从而激励我们度过良善而圣洁的一生。

安葬是并非人人都享受得起的奢侈：穷人常常被草草掩埋在乱坟岗。死后能葬于教堂，毕竟意味着此人身前尚有一定的社会地位。但即便如此，古丁的墓碑仍属相当简朴的：平白的诗句，简单的话语，石板一块，铭文几行。

这在当时颇为常见，一方墓碑，标志安葬之所或家族地下墓室的入口。身前荣华富贵者，死后还可以继续显赫：可以有更大的墓葬更大的纪念碑，可以有石棺有自己的大理石或青铜雕像，甚至二者兼备，比如荷兰的革命领袖“沉默者威廉[1]（William the Silent）”（见右图）。威廉的纪念建筑物四角的方尖碑下都压着个骷髅头：无论富有还是贫穷，我们所有人都终将不过是枯骨一堆（骷髅被用作 memento mori，即“死亡提醒”）。

1. 即 William van Oranje：威廉·范·奥伦治（1533—1584），尼德兰著名的爱国贵族，因一次听西班牙国王腓力二世讲述把新教徒赶出尼德兰的计划时，大感震惊，闭口不言，因而被称为“沉默者”。1565 年成为反对西班牙统治政策的“贵族同盟”核心成员。1566 年成为革命领袖，尼德兰革命爆发。1581 年北方成立联省共和国，威廉当选首任执政。1584 年被西班牙国王派的刺客刺杀。——译注

“沉默者威廉”墓

亨德里克·德·凯泽（Hendrick de Keyser，1565—1621），1614—1620，新教堂（Nieuwe Kerk），德尔夫特（Delft），尼德兰

“沉默者威廉”的青铜塑像❶右手持权杖，端坐如同正在阅兵。在其身后、比他高出半个身子的是人形、双翼的“声名（Fame）”❷，正吹着一只金号角（“鼓吹”其声名），还有一个木号角——坏名声的标志——在其垂下的左手中。在“声名”和青铜坐像之间，还有一尊白色大理石塑像，表现已逝威廉躺在尸架上的样子，此种塑像称作“卧像（Gisant）”[1]。似乎两座塑像还不够，他的纹章❸图案被非常醒目地描画在纪念碑座的顶部。威廉有四美德环伺。“自由”❹手持礼帽（虽说这是“自由”塑像最为常见的特征，但通常不是这样的帽子：法国人用的是弗里吉亚帽[2]，质地柔软，有尖顶）。“公正”❺手持天平，这个道具倒是更符合传统。背后是“审慎”和“宗教”，我们在此图中看不见。选择这几样美德，十足反映出威廉的历史地位：他曾率领荷兰人民反抗西班牙统治者，荷兰人民认为他行事审慎，终于建立了一套公正的政治体系——正是这个体系给他们带来宗教的自由。

1. 中世纪晚期、文艺复兴时期和现代早期在西欧发展起来的一种躺卧的墓葬塑像，表现显赫的逝者“永恒安息”、等待复活的状态。——译注

2. Phrygian bonnet：通常叫 Phrygian cap，弗里吉亚无边软帽，又称自由之帽。16 世纪和 17 世纪的欧洲流行一种说法，在古希腊和古罗马，获释的奴隶会佩戴弗里吉亚帽，弗里吉亚帽因此与自由和解放联系起来。在 18 世纪美国革命和法国大革命中，弗里吉亚帽成为象征自由和解放的标志并广为传播。例如在名画《自由引导人民》中，自由女神就佩戴着弗里吉亚帽。弗里吉亚帽还出现在多个国家的国徽上。——译注

各异的敬拜仪式

前面章节讨论的那些建筑特征是大部分教堂所共有的，但绝对不是所有教堂都如此。比如贵格会（基督教教友派）[1]基督徒就不信奉任何圣事和仪式，视之为“空洞的形式”：只是做了表面文章，不一定有实质信仰。同样，贵格会信徒也没有神职人员，因为他们主张人人平等，所以在贵格会的宗教集会中，任何人都可能受圣灵启发而主持礼拜。因而在教友派的会所里看不到任何信仰的标志，只是一个简朴、安静而整洁的所在，人们可以在此默默祷告，静心冥想。

反之，天主教教堂的建筑则无比繁复，是如圣爱德蒙教堂（参见 40 页—41 页）这样的圣公会教堂所远远不如的。试举一例，光一个圣水盆（参见 45 页），就可以变化万千，不过最常见的不外乎两种，或是独立的小洗礼盆，或是安在墙上的盆，一进门就能用上。天主教徒们相信，经祝祷的圣饼（弥撒仪式中使用的饼或小圆饼），即为基督实在的肉体（“基督圣体”）。因为“基督圣体”通常存放（或“保存”）在教堂里，即便不举行弥撒的时候亦如是，所以信众一进教堂即如面神，为示敬意，要蘸圣水划十字，且单膝下跪。圣饼通常保存在圣体龛（tabernacle）中，近旁点着蜡烛，以彰显其存在。圣体盘可以供奉在主祭坛（High Altar）上，不过通常会有一个侧堂专供“基督圣体（Corpus Christi）”或“圣餐（Holy Sacrament）”之用，圣饼可以保存于此，可以供信徒在教堂的主要仪式之外进行祷告和个人的敬拜仪式。

如今，英国国教会——通常称为“广教会（Broad Church）”——越来越包容各异的崇拜形式，因而有些天主教的建筑结构也见于许多圣公会或“主教派（Episcopalian）”教堂。“苦路十四站”的情况即是如此，原为天主教本堂的典型特征，却越来越多地在其他教派的教堂中出现。

❶

1. Quaker：又称公谊会或者教友派 (Religious Society of Friends)，是基督教新教的一个派别。该派成立于17世纪的英国，创始人为乔治·福克斯（George Fox），因一名早期领袖的号诫“闻神之言而颤栗”而得名“贵格”(Quaker)，中文意译为“震颤者”，但也有说法称在初期宗教聚会中常有教徒全身颤抖，因而得名。该派反对任何形式的战争和暴力，不起誓，反对洗礼和圣餐；主张人人生而平等，应当被平等对待；主张任何人之间要像兄弟一样；主张和平主义和宗教自由。贵格会没有等级结构划分，刻意避免在内部出现居于领导地位的神职人员，例如牧师或其他大人物。——译注

苦路十四站

艾瑞克·吉尔（Eric Gill，1882—1940），1914—1918，西敏寺大教堂，伦敦

虽说现在几乎所有的天主教堂都有“苦路十四站”的雕刻或图画，其实这是比较晚近的现象。“苦路十四站”可以追本溯源到基督教最初的日子，以及早期信徒前往圣地朝圣的做法（参见 155 页）。朝圣者通常要拜访所有与基督受难相关联的地方，虽然长久以来并无固定路线，但仍有确定的一些拜访地点。这一朝圣之旅逐渐有了更加确定的仪式感，且有了“Via Crucis”或“Via Dolorosa”的名称，亦即“十字架之路”或“苦伤之路”。英国人威廉·卫（William Wey）是第一个使用“站（stations）”一词来指称旅途中朝圣者驻步默祷的固定地点的人。

1342 年，方济各会（Franciscan order）被任命掌管各圣地，也就是在这段时间，“赎罪券（indulgences）”和这些地方挂起钩来。这意味着朝圣者只要按要求履

新教教堂和天主教教堂均奉行的两大圣事——洗礼和圣餐——外在的标志分别是洗礼盆和祭坛。第三项圣事是告解，虽然新教徒并未认可其为圣事，但有时也这样做了。天主教徒在参加弥撒之前，需要忏悔自受洗以来所有犯下的罪行，再通过履行某些职责——通常包括祷告——从而获得赦免解罪。告解仪式在告解室中进行，其功能要求告解室应当不事张扬、不引人注目才是。然而直至18世纪，巴洛克和洛可可的设计师们连这里也没有放过。

▶ 告解室

圣母大教堂（Basilica of Our Lady），阿格罗纳（Aglona），拉脱维亚

告解室包括一个供教士用的封闭空间，以及一片供告解者跪着告解的地方，这片地方多多少少露在外面。告解室通常是对称的，以提高效率：教士待的小室两侧都有地方可供信徒告解，一侧信徒正在告解，另一侧则供前一位离开后一位到来。图中的告解室是可移动的，在每年8月15日（“圣母升天日”）前往阿格罗纳的朝圣仪式中使用，该仪式参加人数达10万之多。

7

14

“苦路”到底有多少“站”，有多少地点或事件要表现，这个数目一直在变，不过现在已经确定了——一共“14站”：

1 耶稣被判死刑；
2 耶稣受领十字架；
3 耶稣第一次跌倒；
4 耶稣见母亲；
5 西门为耶稣背负十字架；
6 圣妇为耶稣擦脸；
7 耶稣第二次跌倒；
8 耶稣见耶路撒冷的妇女；
9 耶稣第三次跌倒；
10 耶稣被剥去衣服；
11 耶稣被钉十字架；
12 耶稣死在十字架上；
13 耶稣尸体被从十字架上卸下；
14 耶稣被安葬入墓。

行一定的敬拜仪式，将获得免除一定年限的炼狱之苦——因而也可以更快地进入天堂。方济各会亦是第一个得到许可在其教堂内竖立雕像或图画来表现“苦路十四站”的，那已是17世纪后期，要到18世纪中期，所有天主教堂才被鼓励这样做。理由是没有多少人可以亲自前往圣地朝拜。然而，通过在教堂内设立一些象征性的物件——可以是绘画、雕刻甚或只是标有数字的十字架——来表现这些地点，信众便能够来一趟微型的朝圣之旅，作为他们的敬拜仪式。有时是建起一系列小礼拜堂，来代表每一站，通常沿山而建，或者沿专供敬拜的台阶而建，攀登要相当费力，因而更显敬拜之虔诚。此处三幅雕刻出自艾瑞克·吉尔为西敏寺大教堂内的“苦路十四站”系列雕刻（全部名称如右所示）之一部分，这组雕刻建于1895—1903间，至今仍在不断得到修饰。

更接近神

许多宗教里，“至圣之地（the holiest of holies）”是“闲人莫入”的。教堂里的祭坛通常只有神职人员可以进入。至圣所（sanctuary）——祭坛周围的圣地——位于圣坛（chancel）之内（虽然二者常常被混为一谈），后者得名于拉丁词 cancelli，意为“格子架（lattice）”，意思是这是一片用隔屏围起来的地方）。圣坛又可称为“长老席（presbytery）”——仅供神职人员使用的地方（此词源自拉丁词 presbyter，意为“长者”，英文词“教士（priest）”也源自这个词）。

在东正教堂里，将圣坛围起来不为外人看见的是圣像隔屏（iconostasis，参见 143 页）。本堂代表尘世，圣坛则代表天堂，因而要更为精致。在东正教仪式中，圣像隔屏中央的门会适时打开，让会众看到教士主持仪式，允许我们在尘世的生活中象征性地瞥到一眼天堂。西方教堂的圣坛之神圣也表现在它要高于普通座席，通常也装饰得更为讲究。

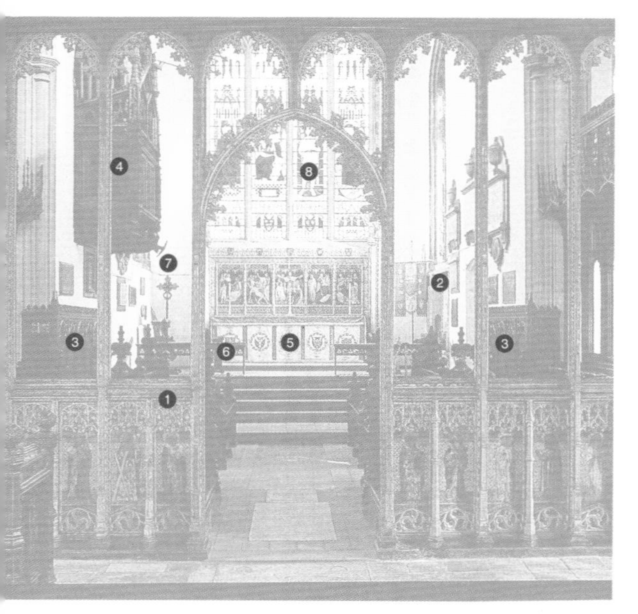

1. 隔屏：原本大多数教堂都会有隔屏将圣坛和本堂隔开来，然而随着时代变迁，西方教堂的许多隔屏已被拆除，但东正教堂里隔屏依旧很重要。圣爱德蒙教堂里的隔屏穿过圣坛和侧廊尽头连着的两个小礼拜堂。中央部分是十二使徒的画像，可以在中央拱门的左侧见到圣安德烈和他的 X 型十字架、圣彼得和他的两把钥匙。

2. 祭司席：此处几乎看不见。这三个座位叫作“祭司席”，弥撒仪式中供神职人员使用。这些座位的左边是排水石盆，用来清洗盛酒和饼的圣餐杯及圣饼盘，以及存放圣器的圣器壁龛。

3. 唱诗班席位：唱诗班会坐在圣坛内为仪式歌咏，现在他们引领会众崇拜。

4. 管风琴：管风琴可以放在教堂的任何地方，不过越靠近唱诗班越好。

5. 祭坛：祭坛似乎应当是教堂中最令人瞩目的焦点，不过也因教派而异。祭坛形制可以各异，有的有祭坛壁饰（reredos 或 altarpiece），比如此处，有的没有。

6. 祭坛栏杆：在圣公会教堂中，宗教改革后的祭坛或圣餐台的位置有了变化。早先的祭坛是独立安置的，且在本堂里，1634 年，坎特伯雷大主教威廉•劳德（William Laud，1573—1645）下令，把祭坛移到教堂的东头，且祭坛前面要安装栏杆，“其高一码[3]，立柱绵密，犬不能入”。

7. 引领列队穿堂仪式的十字架：在列队行进于教堂中时，引领队伍的神职人员通常举一个十字架，该十字架不用时就摆在祭坛边上（本图中的十字架是阿比西尼亚——现埃塞俄比亚——海尔•塞拉西皇帝[4]的赠礼）。

8. 东窗：主祭坛传统上是在东端，东升的旭日光芒从东窗射入，象征着耶稣复活。本图中的东窗图案是教堂主保圣爱德蒙的生平和死亡。这扇窗户建于 1954 年，原窗户在战争中遭到毁坏。这是英格兰伟大的新哥特式建筑师尼尼安•康培尔爵士（Sir Ninian Comper，1864—1960）的最后作品，其学生 F. E. 霍华德于 1920 年代后期掌管该教堂的修复工作。

1. 圣安德烈为耶稣的第一个门徒，相传在希腊被钉 X 型十字架而死。——译注

2. 圣彼得为耶稣门徒，首任教宗。彼得一词在希腊文中意为“磐石”，耶稣说他可以在磐石上建起教会，而彼得就要被给予打开天堂之门的钥匙。——译注

3. 等于 3 英尺或 0.9144 米。——译注

4.Emperor Haile Selassie（1892—1975）：1916—1930 摄政，1930—1974 为埃塞俄比亚皇帝，其王朝据称是所罗门王之后。曾被尊为将引领未来黄金时代的弥赛亚式的人物。——译注

圣爱德蒙教堂的本堂参见 41 页插图

△ 圣爱德蒙教区教堂

15 世纪及之后，索思沃尔德，英格兰

这是 41 页上见到的同一个教堂，只是观察视角正好相反，这次是站在本堂看主祭坛。

空间的区隔

教堂内的空间需要进行区隔，区隔的方式有很多种。本堂居中，通过拱廊与侧廊隔开。加固或突出的拱道也常用来标志空间的转换，或是分出层次：圣坛高高在上，需拾级而上；至圣所若与圣坛是分开的，则可以更高一筹，且常围以祭坛栏杆，标示界线；拾级而下则通往教堂地下室，层次分明。

运用光线也可以区分空间。在索思沃尔德的圣爱德蒙教堂里，侧廊没有环绕整个教堂一周，这样圣坛两侧的墙壁上就可以安装窗户，让更多光线投射到祭坛上。安德烈亚·帕拉弟奥（Andrea Palladio，1508—1580）的威尼斯救主堂（Il Redentore）也有同样效果：圣坛有比本堂更多更大的窗户（参见182页插图），而人在本堂是看不见这些窗户的，只见得圣坛沐浴在一片神秘的光辉中。

不过，使用隔屏才是分隔空间最显见的办法。两侧用来进行特殊私人仪式（比如家族葬礼）的小礼拜堂，过去通常有隔断与本堂隔离开来，现在这些隔断还大多保留完整。有段时间，所有教堂内都有隔屏来隔开本堂——教堂中俗世的部分——和圣坛，让凡夫俗子们对圣坛内举行的仪式保持神秘感。

◀ 格雷齐奥（Greccio）的马槽图

圣方济各大师（乔托?），1297—1300，圣方济各堂（San Francesco），阿西西（Assisi），意大利

是圣方济各（St Francis）将圣诞马槽和基督诞生场景推而广之的。他意识到，如果人们能够看到耶稣是个无助婴儿的样子，会更容易对这个故事所传达的谦卑的要义有所领悟。塞拉诺的托马斯（Thomas of Celano，1200—1255）在其圣方济各传记中写道，方济各第一次展示圣诞马槽和婴儿耶稣场景时，人们亲眼目睹婴儿耶稣的模型竟然活过来了。

▶ 讲坛隔屏

15世纪，约克大教堂（York Minster），英格兰

约克大教堂内讲坛隔屏上的装饰是原物，包括从征服者威廉到亨利六世的15位英王的雕塑（拱道左边7个，右边8个）。这幅图是从本堂往东看，穿过隔屏，直到主祭坛。管风琴是比较晚近添加的，时间在1832年。

地下圣地

教堂之下修建地下室，其渊源是在圣地之上建教堂以为标志的惯例。第一座纪念圣彼得的巴西利卡式教堂建在山坡上，20 世纪中期在此处的考古挖掘发现，此地的山坡曾被夷平，好让教堂修建得不偏不倚，主祭坛恰好就在圣彼得墓的正上方。圣女阿格尼斯（St Agnes）[1] 安葬的地下墓穴之上也建有巴西利卡式教堂，君士坦丁大帝的女儿科斯坦莎（Costanza）将自己的陵墓就建在旁边（参见 107 页）。但是后来终于找到真正的圣阿格尼斯墓，7 世纪中叶又建了一座教堂，其主祭坛就在坟冢的正上方，而原来的巴西利卡式教堂遂遭废弃。从 8 世纪中叶起，教堂地下室的建造循此惯例：一位受敬重的圣徒的遗体，或他们的重要遗物，被放置在地下室里位于主祭坛正下方的一个神龛中，如此便使得祭坛成为一个新圣地的标志。为了适应这一发展，许多罗马式教堂便建成不止一层。在本堂的东头中央常常有台阶往上通讲坛隔屏，而两侧则有台阶向下通往地下室。

和地下墓穴一样，教堂地下室因为位于地下而被视为理想的安葬之所。不过人们喜欢葬于教堂地下室，更多是因为喜欢自己的葬地紧

1. 公元 4 世纪一个罗马贵族家庭的少女，立志贞洁以奉基督，遭罗马总督迫害致死。——译注

教堂地下室

1240—1260，圣普罗科皮乌斯大教堂（St Procopius），特热比奇（Trebic），捷克共和国

特热比奇城的巴西利卡式大教堂的前身是一座本笃会修道院的小教堂。修士们生息行止于特热比奇城，因而小城有了市场，市场带来财富，财富则使得建造更大的教堂成为可能。尽管该建筑的大部分还保留了早期建筑的古罗马式风格，教堂地下室却已然是明显的哥特式了。

挨着圣徒尸骨。人们认为圣徒已然与神同在，那么新亡之灵若葬于圣徒尸骨之侧，也就更接近神。虽然和教堂地下墓室（burial vault）不尽相同，但无实质区别。

自 12 世纪以降，建造教堂地下室来安放圣徒遗骨的做法越来越少，遗骨遗物越来越多地存放于圣坛附近。虽然圣托马斯·贝克特[1]（St Thomas Becket，1118—1170）的部分遗物曾经被封存在贵重的箱箧中（参见下图），但他的遗体葬于坎特伯雷大教堂的地下室。1220 年新建一个小教堂，遗骸遂被迁移至此，置于大主教座位后面的圣髑龛内：在人们看来，圣徒遗骨赋予了大主教权威。贝克特圣骨箱（宗教改革期间被毁）的地位堪比西敏寺修道院内的告解者圣爱德华（St Edward the Confessor）的圣骨箱，后者是英格兰唯一一个至今还保存着其最初遗骸遗物的圣骨箱。

有一种隔屏叫“讲坛隔屏（pulpitum）”，得名于讲坛，也就是一个抬高的讲台（参见 42 页）。从一幅乔托（或某个与他风格近似的艺术家）的壁画（参见 52 页）中可见端倪：在左边最远处，有一段楼梯通往讲坛，布道者便是从这里向本堂内的会众讲道。圣坛内，祭坛为重中之重，上有华盖，或曰罩篷（ciborium，现在这个词更常用来指称一个装圣体的带盖的圣餐杯）。该壁画有趣的一点是，有很多不是神职人员的世俗民众也置身于隔屏之内，当然都是男人——女人不得入内，而是挤在隔屏中间打开的门外，从画中可以看到。早期教会的惯例是男女分开崇拜，有些场合女人被安排在上面的楼座，通常叫作“妇女席楼座（matroneum）”。

壁画的上部极为娴熟地运用了艺术错觉法：隔屏顶上竖起一个上色的耶稣受难十字架，不过我们是从后面看到它，它向前倾斜，面向本堂。这个细节既可以让我们看到木板如何制作和装配，还可以注释另一个用来指称此种隔断的名词：“十字架隔屏（rood screen）”。旧词“十字架（rood）”来自英文词“木棍（rod）”，特指耶稣被钉的木十字架。因此，一个十字架隔屏必有一个耶稣受难十字架竖于隔屏之上，这个隔屏将本堂和圣坛隔开（因此也可以叫作“圣坛隔屏”）。

严格说来，十字架隔屏不同于讲坛隔屏。过去，没有讲坛隔屏的教堂会有一个十字架隔屏，或者，那些更大一些的建筑——比如修道院和天主教大教堂——既有讲坛隔屏，也有十字架隔屏，后者会修建在前者西侧一个隔间的距离（西侧还会有一个祭坛供会众崇拜）。

1. 曾为英王亨利二世的密友及宠臣，位及英国大法官，后进入教会，成为坎特伯雷大主教，为维护教会利益而与英王反目，被人刺杀。——译注

▶ 贝克特箱箧

约 1180，维多利亚和阿尔伯特博物馆，伦敦

这个珐琅箱子是在利摩日（Limoges）[2] 制作的，箱上的装饰图案描绘的是 1170 年大主教托马斯·贝克特被刺杀的著名场景，随后的葬礼，以及他的灵魂被引领至天堂的画面。他于 1173 年封圣，其遗物广受尊崇，被装入这样的箱箧送往世界各地，本图中箱箧是留存至今的最为精美绝伦的一个。

2. 法国城市，以从中古世纪保留下来的陶瓷与珐琅技艺而闻名，至今仍是法国陶瓷器等工艺精品制造中心。——译注

座席

“……老弱病残墙边儿去。”
——威廉·莎士比亚(《罗密欧与朱丽叶》，第一幕，第一景)

《罗密欧与朱丽叶》甫一开场，便有这么一句谩骂之词，莎士比亚其实是用了当时人们常用的一个比喻。之所以有这么个说法，是来自这样一个事实：过去教堂的本堂内没有座席，唯一能坐的地方是靠墙的长凳，因而仪式始终，会众都须站着（不过也有几幅画里，至少在讲道时，会众有时是席地而坐的）。有些教堂的地面有极为精心的构图（参见 26 页、27 页），由此可见，地面上是没有什么固定座位的，否则这么装饰就没有意义了。只不过，莎士比亚写作此剧是在 1595 年左右，那时教堂里已然有长椅了。

15 世纪的英格兰教堂内，长凳两端常雕刻有花朵，被称之为“罂粟花头”。这种雕花一直沿用这个名称，即便后来雕的不再是花卉。布莱斯堡的圣三一教堂（参见 28 页）就有非常精美的雕花，描绘四季、七善行和七罪宗。

会众的长椅

宗教改革之后，供会众坐的长椅成为教堂标配。如今崇拜重点在言说而非仪式，尤其是讲道环节，会众若安坐，当更能专心听讲。教堂长椅可以预订，根据各家的社会地位来排座定位，地位越高的越靠近讲坛。预订的座位常常要收费，收得的钱用于教堂的维护。因为各家都有固定座位，谁来谁没来一目了然（有的教区缺席要课以罚金，于是乎甚荒唐：上教堂得花钱，不上教堂也得花钱）。

◀ 祭司席

16 世纪，温登姆修道院（Wymondham Abbey），诺福克（Norfolk），英格兰

这 3 个座位是主祭、助祭和副助祭的座席。本例中的赤陶座席，据说是为纪念温登姆最后一任修道院院长及首任教区牧师艾利沙·费雷尔斯（Elisha Ferrers）而建——英王亨利八世于 1538 年取缔了温登姆的修道院资格。还有其他样式的祭司席，座席的高度或修饰程度，均能彰显就位者的尊卑高下。

虔诚崇拜和离经叛道

修士修女们一天到晚都有宗教仪式要参加——历来如此，现在依旧。有时从凌晨 2 点就开始了晨祷（Matins），然后每隔一段时间要祷告一次，一直到下午 5 点左右的晚祷（Vespers）及 6 点的最后一次祷告（Compline）。教堂礼拜仪式的某些重要环节是要求在场的人站立的，一天下来，那些修士修女们必然精疲力竭，非常渴望来点世俗的享受，比如能坐一坐，这也是无足为奇的。为了让来做礼拜的人，特别是老幼病残能更舒服一点，座椅被做成能折合起来的，座板底部有一个小支架，礼拜仪式过长时，站立的人能够稍稍倚靠着放松一下（如右图所示，小支架即位于两个扶手中间）。这种小支架是教堂予人方便的“仁慈”之举，因而被称为“仁慈架（misericord，misericordia 即意为“仁慈之举”）”。

教堂装饰之玄奇妙曼，仁慈架之雕花可为一例。因为，当座椅放下时，仁慈架不为人见，而即便座椅折合时，修士的身躯也挡掉了它，但雕工毫不怠慢，依旧赋予其引人入胜、精彩纷呈的图案，有道德教诲的，亦有荒诞不经的，甚至还有鄙俗渎神的。下图是两例仁慈架雕花：左边的是科隆大教堂里的日尔曼式仁慈架，一个长角的魔怪抓着一根显示其权力的权杖——也许只是一根狼牙棒，用来敲打开小差的修士；右边的是法兰西式仁慈架，板车里坐着两个农民，前头有一人在拉车——可谓咄咄怪事，不过用来图解“风水轮流转”主题的，以告诫人们，事情往往出乎意料。两个图案都诙谐有趣，又包含道德寓意：当现存秩序被颠覆时，我们会看到什么样的怪象异端，而万物之道即在如此。

不清楚为什么这样一些图景的雕刻会被允许存在于教堂里，多半是些怪力乱神、子虚乌有的异兽奇葩，早在 12 世纪就被克莱尔沃的贝尔纳[1]（Bernard of Clairvaux，1090—1153）斥之为“美丽畸怪之造物”（参见 116 页）。可以肯定的是，因为这些雕刻基本上不为人所见，也就存活下来了，甚至还逃过了宗教改革时期的大破坏。不过，教士们为了让自己的布道更吸引人，会掺杂一些逸闻趣事，比如愚笨之徒的糗事，人格化动物的寓言，关于魔鬼的诱惑无处不在的警诫，不一而足。而仁慈架的小雕刻与这些小故事其实是息息相关的。

1. 法国修道士，熙笃修道会的主要创立者。——译注

△ 唱诗班座席

18 世纪，玛法尔达女子修道院（Convent of the Blessed Mafalda），阿罗卡（Arouca），葡萄牙

玛法尔达是葡萄牙国王桑乔一世（Sancho Ⅰ）的女儿。她曾经短暂地做过卡斯蒂亚国王的王后，不久婚约被取消，她在 12 岁的年纪进了阿罗卡的女子修道院，死后亦葬于此。

▽ 仁慈架二例

（左图）科隆大教堂，德国；（右图）克鲁尼美术馆（Musee Cluny），巴黎，法国

科隆大教堂的仁慈架主要雕刻于 14 世纪，但也有 19 世纪甚至更晚近的，因为大教堂一直在修缮。本例是一个长角的魔怪。法国的“板车农民”仁慈架雕刻于 15 世纪。

神职人员的座椅

自古以来，圣坛内便有座席。早期教堂里，主教和主持仪式的神职人员有座席在主教讲坛（tribune）内，而主教讲坛则位于主祭坛后半圆形或多边形的教堂后殿内。主教座席位于正中央，叫作 cathedra，主教座堂之名 cathedral 便源自于此。诺威治大教堂的主教座席便还在这居中的位置（参见 125 页）。后期建筑中，祭坛被安排到教堂的东端，神职人员便在其侧就座。圣坛的南墙常有一排三个座椅或长凳，叫作“祭司席”，是主祭、辅祭和辅祭员的座席。在更大的教堂建筑内，包括修道院和天主教大教堂，修士或俗人修士被安排在唱诗班座席，也就是在讲坛隔屏的两侧及后面（这样就三面环绕了祭坛）。主教座席亦与唱诗班座席在一处，只是要远为宏伟和精美，以凸显其位尊权重。由巴兹尔·斯宾司（Basil Spence，1907—1976）设计、建于二战之后的考文垂大教堂（Coventry Cathedral）保留了这一传统布局（参见 208 页插图），唱诗班席位上空有如群鸟翩飞的灯光，而唱诗班左后方高翔的鸟群之下便是主教座席“cathedra”的所在。

圣彼得主教座椅（Cathedra Petri）算得上是基督教世界中最最显赫的“头把交椅”了。一直以来人们都相信这就是圣彼得本人讲道时坐的大主教宝座，后来才知实际上是拜占庭时期的物件，只不过座椅里确实镶嵌着的几块儿首任牧首圣彼得使用过的洋槐木料。济安·洛伦索·贝尔尼尼为之设计了一座纪念碑亭，1666 年安装入圣彼得大教堂（见 66 页插图，背景处）。木制座椅套在一个巨大的黄铜宝座内，为其支柱的是教会四博士：最左端和最右端是西罗马教会的圣安布罗斯（Ambrose）和圣奥古斯丁（Augustine），靠里的左端和右端是东罗马教会的亚他那修（Athanasius）和圣约翰·克里索斯托（John Chrysostom）。光线通过正上方窗户里的鸽子倾泻而下，提醒人们教皇的权威是神赋予的，他的话语由圣灵所启发。

◀ 马克西米安（Maximian）的主教座席

约 550 年，大主教博物馆（Museo Arcivescovile），拉韦纳（Ravenna），意大利

这是个象牙宝座，很可能是在君士坦丁堡雕刻的，然后经由水路运至拉韦纳，是拜占庭的查士丁尼大帝馈赠给拉韦纳主教马克西米安的礼物，后者即是前者所委任的。在圣维塔莱教堂（San Vitale）的马赛克画面中，马克西米安即立于查士丁尼大帝之侧（参见 138 页）。马克西米安督建了圣阿波利纳雷教堂（Sant' Apollinare in Classe，参见 140 页—141 页），以及圣维塔莱教堂的完工。查士丁尼大帝赠送此座，置于该教堂的弧形后殿内，是为圣维塔莱教堂的祝圣仪式。该主教座席前面的图案是施洗者约翰及分立其两侧的四位福音书作者，其他面板上的图案均为旧约及新约故事。

基督教音乐——极乐之喜悦

“音乐为神所赐之嘉礼，美好而妙曼，我常被感动，喜悦而布道。”

——马丁·路德

路德对音乐可谓悦纳，但并非所有新教徒皆如此。瑞典宗教改革领袖乌尔利奇·慈运理（Ulrich Zwingli，1484—1531）就视音乐为轻浮，不宜于基督教崇拜，甚而下令将教堂中的管风琴焚毁殆尽。约翰·加尔文，第二代新教徒中最具影响力的人物，喜欢听到众人齐颂圣歌，但只要人声，不喜伴奏，于是很长一段时间，世界各地的加尔文派教堂中一直实行着这种只有人声清唱没有乐器伴奏的做法。天主教会向来推崇音乐，将其纳入崇拜仪式，但对其潜在弊端亦不无忧虑。1903 年一道教皇谕令明文规定何可何不可：“圣乐须有……形式之神圣与纯净……须圣洁，因而须杜绝一切形式的亵渎，不仅音乐内容如此，而且表现音乐的方式态度亦当如此。”

基督教崇拜仪式中自古以来就有歌咏。112 年左右，小普林尼（Pliny the Younger，62—115）致罗马皇帝图拉真（Trajan，53—117）的一封信里，描述了日出之前基督徒聚会歌唱圣诗赞美基督的场景。新约里也有多处提及天堂里迎候基督的天使们的歌咏，例如戈登齐奥·费拉利（Gaudenzio Ferrari，1471—1546）的教堂穹顶绘画中的天使合唱团及乐队（参见 89 页）。

音乐之受尊崇，是因为音乐能清楚地表达人类情感，也因为在特定的音响环境中，歌咏之声比言说之声更为清晰晓畅。教会四博士皆喜音乐。安布罗斯谱写圣歌，奥古斯丁撰写过一篇题为《论音乐》的论文，惜未完成。不过，大格利高里（Gregory the Great）恐怕是对后世影响最大的。就是在格利高里的教宗任期内（590—604），格利高里圣咏——沿唱至今的一种以他命名的歌咏旋律——臻于完善。

到 9 世纪，教堂开始使用管风琴给歌咏伴奏。自此以后，基督教崇拜的音乐形式不断更新。有时音乐甚至成了崇拜的重心。英格兰布道家查尔斯·卫斯理（Charles Wesley，1707—1788）写了六千多首圣歌，他意在改革英国教会，因而创立了美以美教派（Methodist Church），该教派教会的典型仪式可以称之为“圣歌三明治”。

管风琴

约翰·莫森格尔（Johan Mosengel），1721，圣母玛利亚圣殿（Sanctuary of St Mary），斯维塔·利浦卡（Swieta Lipka），马祖里（Masuria），波兰

管风琴上方墙壁上的圣灵处射下万道光芒，以示音乐为神所灵启。管风琴如此之形状丰饶、色泽艳丽，若还算不上富有戏剧性的话，让众天使能活动自如的机械装置，实足可以令人叹为观止。

祭坛

祭坛台面上供奉牺牲祭品或还愿的献祭，许多宗教中都有祭坛。对基督徒来说，那献祭就是耶稣本人：耶稣被钉十字架，为拯救人类于其罪恶而舍身。耶稣赴死前与门徒共进“最后的晚餐”，他“拿起饼来，祝了福，就擘开递给他们说：你们拿着吃，这是我的身体。又拿起杯来，祝谢了，递给他们，他们都喝了。耶稣说：这是我立约的血，为多人流出来的。”（《马可福音》14:22—24）

弥撒仪式中，这套圣餐仪式（被称为Eucharist或Holy Communion）由祭司主持，祭坛相当于“最后的晚餐”中的桌子。关于圣餐礼的性质，天主教徒和新教徒颇多争议。天主教徒认为，饼经祭司祝祷后，圣餐变体（transubstantiation）发生了，通过凡人无法参透的神秘过程，饼变成了基督的身体；而新教徒则认为，饼只是代表了基督的身体。因而对天主教徒而言，弥撒的根本为献祭这一点极为重要，因而有“祭坛”一词。而新教教会里，圣餐礼即是“神圣的团聚（Holy Communion）”，或“主的晚餐（the Lord's Supper）”，有张圣餐桌（Communion Table）即可，这张桌子可以是张普通桌子，无须太特别。

早期教会建教堂于圣地（主要是殉道者的墓葬之上），可能是要印证圣经中一段文字：“我看见在祭坛底下，有为神的道，并为作见证，被杀之人的灵魂”（《启示录》6:9）。若在一个并非圣地的地点建造新教堂，也要将某个圣徒的尸骨移至该处，以使之神圣。比如386年，安布罗斯在米兰修建教堂，为了教堂的神圣，他将圣普罗泰和圣热尔维（Saints Protasius and Gervasius）的遗骨迁了过来。如今这个教堂叫作“圣安布罗斯教堂（San Ambrogio Maggiore）”。直至今日，每一座天主教堂的祭坛内都有圣徒的遗物。

◀ “十二门徒圣餐礼”圣饼盘

565—578，拜占庭收藏，敦巴顿橡树园（Dumbarton Oaks），华盛顿特区，美国

在此圣饼盘的图画中，“最后的晚餐”得到了早期基督教的重新阐释。依照当时的崇拜形式，门徒们在领圣体，耶稣像祭司一样在主持仪式。有两个耶稣，左边的那个在分发圣饼，右边的在分发葡萄酒——十二门徒则分列两边，一边六个。

沃尔布鲁克圣司提反教堂（St Stephen Walbrook）

克里斯多弗·瑞恩，1672—1677，伦敦，英国

英国国教圣公会教堂里的祭坛确切说来应当是什么样的，可以是什么样的，这样的问题曾经在1986年对簿公堂。那是在彼得·帕隆博[1]（Peter Paumbo，1935—）委托亨利·摩尔（Henry Moore,1898—1986）为伦敦城的沃尔布鲁克圣司提反教堂雕刻了一座新祭坛之后。这座祭坛于1972年完工，整整300年前，克里斯多弗·瑞恩开始动工修建此教堂。瑞恩赋予了此座教堂英格兰第一个古典式穹顶，之后才有圣保罗大教堂，前者似乎是小试牛刀，为后者做的预备。不过也有人认为，此教堂小则小矣，就建筑而言却远为成功。虽然瑞恩的设计以穹顶为中心，原来的祭坛却安排在最东头，坛后屏框（retable）上绘有十诫、主祷文和使徒信经。摩尔的祭坛则置于穹顶的正下方，大致是个圆形，周边有不规则形状的切面。这也是该教堂当时的教区牧师长查德·瓦拉（Chad Varah）有意而为的举措之一，为的是向会众公开仪式过程，他不再是背对着会众，如传统祭坛所要求的，而可以在祭坛上主持仪式。祭坛的圆形符合教堂的中心计划，意味着更大程度的开放和平等，同时也表明，神应当在万事万物的中央，而不是被推到一边。

在亨利·摩尔看来，祭坛的形状和穹顶正下方的位置，可以溯源到耶路撒冷的圆顶清真寺[2]（Dome of the Rock）——历来人们认为这就是亚伯拉罕准备将自己的爱子以撒交出献祭的地点。对基督徒而言，亚伯拉罕此举是一个重要伏笔：日后神亦将自己的独子耶稣交出献祭。可是，该祭坛的不规则、非传统的形状却不是人人都能接受的。有的人觉得它太过异端，太像一个供奉牺牲的台子，因而试图阻止该祭坛的安装。《教会法典》（*Canon Law*）规定："每个教堂和礼拜堂，须有一个供圣餐仪式之用的桌子，此桌须便利且体面，可为木制、石制或其他合适材料所制。"伦敦宗教法庭（London Consistory Court）裁定，这个祭坛虽然外形美观，但不是"一个便利且体面的桌子"（确实，它重达10吨）。不过，本案递交到英国的最高宗教法庭（the Court of Ecclesiastical Cases Reserved），法官们裁定，摩尔的雕塑作品能够被阐释为是一张"桌子"。在一座17世纪的建筑内安放一件20世纪的物品，有如一石激起千层浪，引发了众多层面的讨论，比如神学上的争议、审美上的判断，然而归根结底还是回到这个事实："桌子"一词本身无法明确定义。

1. 英国伦敦地产开发商、艺术品收藏家、建筑鉴赏家，曾任大不列颠艺术委员会主席，现为建筑大奖普利兹克奖评审团主席。——译注
2. 又称"岩石清真寺""金顶清真寺"，位于耶路撒冷老城区，建于7世纪。——译注

生活与工作

教堂建筑的大部分空间不是专为礼拜仪式而设，还需满足其他一些功能——至少在会众的眼中如此。礼拜仪式之前，司铎或牧师要在圣器室（sacristy）或祭衣房（vestry）里做准备。这些地方基本上是外人莫入的，但也有著名的例外。比如佛罗伦萨的圣洛伦佐教堂（the Basilica of San Lorenzo），就有两个圣器室向公众开放。老的圣器室是菲利波·布鲁内莱斯基设计的，同时还用作乔瓦尼·德·美第奇（Giovanni de'Medici）的葬礼小礼拜堂。新的圣器室则是米开朗琪罗设计的，主要为安葬乔瓦尼的四位子孙而建。

修士们每日两点一线，从做礼拜的场所到生活的居所，连接两点的便是教堂的回廊（参见62页—63页图）。传统上，回廊建在教堂的南侧（不过这可以依情况而定，尤其是在教堂南侧已没有地方可建回廊的情况下）。回廊可通往藏书室、寝室或禅房、膳厅及会堂，因为遮风挡雨，也宜于祷告和列队穿堂等宗教仪式。

藏书室是修道院的重要组成：修道院既为祷告和冥思的主要场所，探求真理就至关重要，因此不仅须研习基督教典籍，也要阅读异教的文本材料，为的是能够批驳之。于是乎，在那被不甚准确地称之为“黑暗年代”的漫长岁月中，多亏了修道院，学问方能得以薪火相传。而到了文艺复兴时期，人文学者们想要寻找经典和古籍时，便须向修士们求助了。时至今日，还有几个修道院的藏书室供学者们使用，有时还向公众开放——其中便有劳伦斯藏书室（Biblioteca Laurentiana），和那个新的圣器室一样，这也是由米开朗琪罗为佛罗伦萨的圣洛伦佐教堂设计的；还有巴伐利亚的梅滕本笃会修道院（the Benedictine Abbey of Metten in Bavaria）的装帧极为精美的藏书室（参见102页）。

教堂建筑的装饰设计都是为了激发使用者的虔敬之心，所以特定空间的装饰和功能之间通常相互呼应。例如，膳厅常常有一幅“最后的晚餐”：达·芬奇的著名画作就是为米兰的圣玛利亚感恩教堂（Santa Maria delle Grazie）的膳厅所绘制。修士们用膳前必须洗手，因此大多数回廊里会有盥洗室，通常在西南角，或者在西侧（参见45页）。

会堂一般是在东侧的中间位置。修士们每日早弥撒之后通常有一次集会，就是在此进行。修道院院长或副院长宣读《会规》（修士们据以管理其团体的规章制度），每日一章（a chapter），会堂（the chapter house）因此得名。集会也讨论行政事宜，包括当天的工作安排，以及当众忏悔罪行。不带修道院的天主教堂里也有会堂，多半为行政管理之用。

◀ 回廊

14世纪，格洛斯特大教堂（Gloucester Cathedral），英格兰

该教堂的回廊繁复精美，有着完美无缺的扇形拱顶。教堂前身是圣彼得修道院（St Peter's Abbey），英王爱德华二世安葬于此。爱德华二世系遭谋杀而亡，其状甚残忍，但却为他赢得了圣徒的名誉，吸引无数信众来此修道院朝圣，且敛聚了大笔资财，用于扩建重修。该修道院免于其他多数修道院的命运，1541年英王亨利八世擢升其为大教堂，以追念其安葬于此的“声名显赫之先祖”。

▶ 会堂

1306年，韦尔斯大教堂（Wells Cathedral），英格兰

会堂须能容纳修道院的全体成员，所有成员严格按照尊卑等级沿墙就座。韦尔斯大教堂的会堂内有四十多个座席，每一个都有华盖。会堂窗花格是早期装饰哥特式对称图形的绝佳范例（参加36页）。

CAELORVM TV ES PETRVS E
IDES
MVNDO R
AGNOS E

卷二

解密主题

罗马的圣彼得大教堂，穹顶底部环绕一圈马赛克装饰，镶嵌着耶稣对圣彼得说的一句话："TU ES PETRUS"，意思是"你是彼得"。彼得（petrus）一词又有"岩石"或"石头" 的意思。耶稣说："……你是彼得，我要把我的教会建造在这磐石上……我要把天国的钥匙给你……"（《马太福音》16:18—19）。圣经中这句话奠定了教会权威的基础。对天主教徒来说，这句话确定了教皇至高的地位。因而，圣经将是我们的起点，从这里我们开始探索之旅，看看教堂装饰都表达了些什么思想。我们藉由圣经认知神。贝尔尼尼的圣彼得主教座席之上，有一扇金色的窗户，窗中可见灵鸽展翅，那就是圣灵。耶稣既是神亦是人，我们需要特别留意。对其母玛利亚亦当如此。此外，圣经里还提到了众先知、天使、恶魔，以及最早的圣徒们（比如圣彼得，他的典型标识是一对钥匙，其来由可从上面的引言得知）。接下来我们要讨论一些包括几何、颜色和光在内的各种物理特性（参见对面图片，一道几乎是神秘的光芒，照射到右下角一座安坐如仪的圣彼得青铜雕塑上）。卷末论及教堂的建造者，以及修建教堂的缘由。

◀ 圣彼得大教堂及其祭坛华盖（baldachino）和圣彼得主教座席

济安 • 洛伦索 • 贝尔尼尼，分别建于 1624—1633 和 1656—1666，罗马，意大利

贝尔尼尼的祭坛华盖如亭矗立，上有罩篷，足显主祭坛之尊荣，其位置恰在圣彼得陵墓的正上方。圣彼得主教座席则位于教堂最东端。从某一角度观之，祭坛华盖就像是专为主教座席而设计的边框，但实际上这座祭坛华盖的建造时间要早于主教座席。当你漫步穿行于教堂中，祭坛华盖与主教座席的关系亦因移步而变换，可见贝尔尼尼掌握光与空间以创造出戏剧化效果的高超技能。

圣经

取材于圣经故事来装饰教堂，可以说有悖于圣经的本旨。基督教之外另有两大一神教信仰——犹太教和伊斯兰教，然而只有基督教在其崇拜场所有绘画、雕塑此类的视觉表现。这实际上违背了摩西十诫第二条：“不可为自己雕刻偶像；也不可作什么形像仿佛上天、下地和地底下、水中的百物。”（《出埃及记》）天主教向来为自己使用视觉形像——绘画、雕塑和彩绘玻璃——找的理由是，它们易于为目不识丁者所理解，在教会的书面文件中常常称之为“穷人的圣经”。这当然也是修道院长苏格广推彩绘玻璃的原因之一（参见36页）。然而，不是所有基督教教派都赞成使用视觉表现，历史上不止一次爆发过捣毁偶像的运动，最著名的是拜占庭时期（参见139页），以及后来的新教改革运动（参见178页—179页）。

无论如何，新教的许多宗派现在已经放松了对视觉表现的严格禁令，圣经自然是主题的主要来源。然而，基督教圣经的构成并非一气呵成、天衣无缝。主要分野是希伯来经文（旧约）和后来构成新约的四福音书、使徒书信以及其他文本。此外还有其他被称为“伪经（apocryphal）”的经文，这个词原来的意思是“隐藏的”“秘密的”，现在则意味着“可疑的”或“来历不明的”。这些旁枝末节的文本是否被认可为经典，不同教派的看法不一。

拉丁通行本（Vulgate）和詹姆斯王钦定本（King James）

“bible(圣经)”一词来自希腊词“biblos”，意思是“书”。构成旧约的犹太经文用希伯来语、亚拉姆语[1]（Aramaic）和希腊文写成，而新约各卷则都是用希腊文写的。早期的希伯来和亚拉姆文本被翻译成希腊文，后来这二手的希腊文又翻译成拉丁文。哲罗姆（Jerome，约347—420）返本溯源，直接从原来的语言翻译成拉丁文，以避免之前译本的语意混乱。这个译本成为拉丁通行本圣经的基础，迄今仍为天主教使用。

早期英语译本中最重要的一种是由英王詹姆斯钦令翻译的，1611年首次印刷出版。现在被称之为“钦定本”或“詹姆斯王本”，和莎士比亚著作一同被视为现代英语的基础。拉丁通行本和詹姆斯王钦定本之间有许多差别：比如《诗篇》排序不同，拉丁通行本中包含了《友第德传》（*Judith*）和《多俾亚传》（*Tobit*），而钦定本将它们归入《伪经》（*Apocryphal*）。

然而，就教堂装饰而言，故事题材出自正典还是伪经，不如它们被如何阐释更重要。许多入不了圣经正典的伪经故事广受欢迎，影响深远。例如，虽然只有四部福音书被收入了圣经，但流传下来的却不止这四部。比如《雅各

（下接74页）

饰有浮雕图案的福音书封面

约14世纪，国家历史博物馆，索非亚，保加利亚

装饰精美的圣经典籍过去常常展示于教堂中，以彰显其应得的尊荣。本图封面，中心画面是耶稣被钉十字架，圣母玛利亚和福音书作者圣约翰站立在十字架之下，正如福音书中所记载。耶稣的双手之上有类型化面孔，分别代表太阳和月亮：基督被钉十字架的画面中经常有日月的形象，典出诗句：“白日，太阳必不伤你；夜间，月亮必不害你。”（《诗篇》121:6）日月的标志即显明：“耶和华要保护你，免受一切的灾害”——这句话紧随上面诗句之后。封面的上下两端都是基督生平故事场景。

1 闪米特语族的一种语言。旧约后期的一些经文所用的语言，并被认为是耶稣基督时代犹太人的日常用语。——译注

VDATVOCES
PROMENDOSSERENAS
ARDENTCHERVBIN
CRISTIFIS
FIATLVMIN

创世穹顶

1220 年代，圣马可大教堂，威尼斯，意大利

圣马可大教堂的中庭有最齐全的旧约故事插图，包括这个穹顶上的旧约前三章的故事画面，读图顺序从中央开始，呈螺旋形向外展开。这些马赛克画面有其原本，即一部插画极为精美的手抄本，几乎每一句经文都伴有插图。这部手抄本绘制于 5 世纪晚期或 6 世纪早期的君士坦丁堡，当 1204 年威尼斯人劫掠拜占庭首都时将这件宝物掳走了，到 17 世纪落入罗伯特·科顿爵士手中，因而被称作“科顿创世记（Cotton Genesis）”。威尼斯人劫获手抄本后 20 年，将书中的插画又搬上了他们的大教堂，而且教堂中庭的大部分建筑元素和部件亦掠自君士坦丁堡，无异于在展示其令东罗马帝国慑服的雄威。此处圣经被用作了政治宣言。

❶ 圣经开篇：“起初神造天地。地是空虚混沌，渊面黑暗；神的灵运行在水面上。”（《创世记》1:1—2）插图亦以此为开始。

❷此图中的神面部光洁无须，头后有十字架光环，符合最早的耶稣形象。本图为创世第一天：“神说：要有光，就有了光。”（《创世记》1:3）有两个圆圈放射出光芒，代表昼与夜。神的身旁有一个天使。

❸ 现在神的身旁有了 3 个天使。神创造植物，这是第三天。之前两幅画表现的是神分开天与地（第二天），然后分开陆地与水面，这是第三天早些时候发生的事情。

❹ 中间一环画面中，神继续创造日、月和星辰，这是第四天。

❺ 第五天创造了鱼和飞鸟，包括对真实生物的逼真描绘，还有 1 只海洋怪兽。

❻第六天神创造动物，然后造人。虽然《创世记》第一章中对此就有描绘，但第二章中有更多的细节：“耶和华神用地上的尘土造人……”（《创世记》2:7）此处亚当还只是个没有生命的泥塑，有 6 个天使相伴。

❼“到第七日，神造物的工已经完毕，就在第七日歇了他一切的工，安息了。神赐福给第七日……”（《创世记》2:2—3）我们看到神在休息，安坐在宝座上，正在祝福七天使之一。如果之前对这幅画还不甚明了的话，到现在就能豁然开朗了：画面中有多少个天使，就表明这是创世的第几天。教会中有个未成文的传统，认为有 7 个大天使，每 1 个都掌管着 1 周中的 1 天。

⑭《创世记》3:23 讲述神打发亚当出伊甸园去，“……耕种他所出自之土”。亚当和夏娃犯了错误，作为惩罚，他们得辛苦劳作，这是过去相当常见的典型画面。在 1381 年的英国农民起义期间，教士约翰 • 保尔（John Ball）以此为例来宣讲人人平等：“亚当耕耘夏娃纺织之时，哪有士绅老爷？人类被造之初，生而平等，我们的枷锁和奴役来自懒惰者的不公平压迫。”

⑬神将亚当和夏娃逐出伊甸园。在大多数图画或雕塑中，这项任务由圣米迦勒来执行。这幅马赛克画面循此惯例，是如下词句的如实再现：“于是把他赶出去了。又在伊甸园的东边安设基路伯，和四面转动发火焰的剑，要把守生命树的道路。”（《创世记》3:24）注意此处，发火焰的剑是十字架的形状，同时也指涉生命树：有故事甚至说十字架就是用生命树之木造成。

⑫亚当和夏娃跪于神前，神坐在宝座上，对他们做出宣判。蛇从树上溜下来，应验了神的诏令：“……你必用肚子行走……”（《创世记》3:14）

⑪ 堕落之后，亚当、夏娃躲避神，觉得羞耻，拿无花果叶子遮蔽身体：夏娃似乎想要把自己乔装成一棵树。

⑩ 亚当给所有的鸟兽命名后，发现无物可以成为其伴侣。神使他沉睡，取下他的 1 条肋骨，用它造成夏娃，如右图。再下一幅图中，亚当、夏娃互相认识。

⑨ 四个躺卧着、从罐子中倾倒出水来的人物，是伊甸园 4 条河流的拟人表现：这种表现形式源自古典绘画中河神的形象。左侧，神引领亚当进入伊甸园。

⑧在后来的图画中（最著名的有米开朗琪罗绘于梵蒂冈西斯廷礼拜堂天顶的画），“神造亚当”和“神赋予亚当生命”没有区别，但在这幅马赛克画面中，接续前一幅图画中的叙事：“耶和华神用地上的尘土造人，将生气吹在他鼻孔里，他就成了有灵的活人。”（《创世记》2:7）这个“生气”或“灵”在图画中表现为一个长翅膀的小人儿。

原始福音书》以及其他一些类似文本里的故事，是了解玛利亚早年生活的重要来源。不是整部圣经都有绘画，在基督教神学体系中，有的章节更受重视，因而更多成为视觉表现的主题。威尼斯的圣马可大教堂中庭的马赛克天顶之装饰，构思宏阔，完备透彻，其中有几个故事尤为突出，造型简洁，细部则精巧绝伦。

圣马可大教堂的创世穹顶（参见前 4 页）是对圣经前三章的直接描绘。从描绘故事的方式，故事与故事之间的关系，我们可以看出许多端倪来，比如文本如何被阐释，比如在当时委托绘制装饰的“恩主”们（参见 120 页—122 页）眼里，故事的要点是什么。于是乎，这些教堂装饰作品简直就像是一篇带插图的布道，通过讲述一个特定故事来传达特别的讯息。

新约的作者们无不强调：耶稣就是人们翘首以待的弥赛亚——整个旧约都在预言他的到来。新、旧二约之间的息息相关，最早的解经家们就加以阐释了。他们编织出一幅纵横交错的细密织锦，犹太经文里几乎每一桩事件，都被视为福音书中某事物的预示。这被称为“预表论（typology）”——旧约中的人物或事件是新约中某事物的“预表（type）”或典范，或为对型（antitype），或为对应（counterpart）。如此而论，神给予亚当生命，是耶稣给予拉撒路（Lazarus）新生命（将其从死里复活）的“预表”。同样，神吩咐亚伯拉罕用自己的爱子以撒献祭，以显明对神的爱（最后一刻神的使者出现，叫他住手，指给他看一只可为替代的公羊，作为燔祭），是圣父愿意牺牲其独子耶稣在十字架上的预表。亚当、夏娃和耶稣、玛利亚作为一组对型则有点出人意表：耶稣和玛利亚常常被阐释为新亚当和新夏娃。虽然两组人物殊为不同，但他们仍可视为原型和对型，因为，亚当和夏娃曾经赋予我们一个开端，而耶稣和玛利亚再次赋予我们一个全新的开端，给予我们第二次机会矫枉匡正（参见 43 页）。乔托为斯克罗维尼礼拜堂所绘制的装饰画就运用了极为精微巧妙的预表论阐释，且更进一步：他将墙面乃至整个礼拜堂内的画面叙事纵横联系起来。他的绝世天才在此表露无遗。

圣经故事还可阐释为寓言。耶稣就喜用比方来阐明道理。我们已经在沙特尔大教堂的好撒玛利亚人窗（参见 38 页—39 页）上看到，这个寓言故事被阐释为灵魂穿过罪恶深重的尘世回返天堂的旅程，领路人是耶稣。有些画面看似演绎圣经故事，却常常基于一些旁门左道的传说。最好的例子是关于“三王朝拜”的绘画。圣经里没有提及诸王朝拜耶稣，更没有说是 3 个——只说是“有几个博士从东方来到耶路撒冷”（《马太福音》2:1）。这个数目最后定为 3，大概是因为这几个人带了 3 样礼物（黄金、乳香、没药），也可能因为数字 3 的神学意义（参见 104 页—107 页）。“博士”变成了“君王”，来朝拜的人地位愈高，这个故事也就愈重要；同时，也实现了一则旧约预言：“诸王都要叩拜他，万国都要侍奉他。”（《诗篇》72:11）

斯克罗维尼礼拜堂

乔托・迪・邦多纳，约 1303—1305，帕多瓦，意大利

乔托的壁画绘于恩里克・斯克罗维尼（Enrico Scrovegni）府邸的私人礼拜堂，是为斯克罗维尼的父亲赎罪的神的献礼。雷吉纳尔多（Reginaldo）是臭名昭著的放高利贷者，但丁将他收入《神曲》之《炼狱》，让他待在第七层地狱。乔托的壁画，最上一层是圣母玛利亚的故事，中间一层是基督的童年和传教事迹，最下一层是基督受难和复活，而整个西墙则全部是最后的审判。从左到右，乔托用画笔为我们讲述故事，用画面的背景来关联或评论这些故事。比如，中间一层拉撒路被葬画面中有座山，山坡的走向一直斜向下延伸到下一层画面中的山，山脚止于从十字架上取下来的基督的头顶，而这幅画中的山又与右边基督复活图中的山浑然一体，一为上坡，一为下坡。

斯克罗维尼礼拜堂

1. 摩西以杖击石，清泉汩汩而出，让旷野中的以色列人得以解渴。右边图中，在迦拿的婚筵上，耶稣变水为酒。耶稣不仅为摩西所为，让其子民衣食无忧，且能行更大的奇迹。我们可以把这则故事阐释为一桩奇迹，还可以将此处的酒视为对最后的晚餐的预示。

2. 神给予亚当生命。右边图中，耶稣使拉撒路死里复活。如此对照的含义是：神给予我们生命，而我们能在耶稣基督里得新生。注意，旧约“神”画得和耶稣相仿，和圣马可大教堂的创世穹顶做法一样，只不过此处是人们更为熟悉的蓄着胡须的形象。

3. 玛利亚和马大跪伏在地，惊骇于其兄弟拉撒路的死而复生。她们跪地的姿势，以及她们身上衣袍的颜色，和上一层图中跪拜于圣殿祭坛前的那几个人的姿势和衣袍颜色遥相呼应。下一层图中玛利亚还有出现，依旧穿着同样的红袍，依旧是跪拜的姿势。

4. 拉撒路还裹着殓布，但已重获生命，出了坟墓。下一层图中，复活的基督也同样笔直站立，衣衫洁白。乔托就是这样利用视觉上的呼应，巧妙地将两则人死复生的故事联系起来。

5. 约拿为巨鲸吞没，三天之后被吐在旱地上——同样，基督死后第三天复活。这个描绘约拿的四叶饰安排在耶稣被钉十字架和众人哀悼死去的基督之间，提醒人们基督将战胜死亡。

6. 玛利亚悲痛欲绝而不能置信地凝视着死去的基督，她的姿势和对面墙上的基督诞生图中的姿势一致，只是彼图中的玛利亚喜悦无比而不能置信地看着初生的基督。基督横躺在地，而下一幅图中他竖直站立，再下一幅的基督升天图中，他已然高高在上。通过耶稣的体态和在画框中的位置，乔托别具匠心地展开叙事。

7. 此图并非典出旧约，而是来自中世纪的动物寓言故事，称幼狮出生时是没有生命的，要母狮将气息吹入它们体内，才能获得生命。这种传说可能是对母兽在其幼崽出生后舔拭干净它们身体的做法的误解。这一画面放在此处显然与死而复生有关联，而紧挨着它的下一幅画就是基督的复活。

8. 一个天使坐在坟墓上，手指复活的基督。乔托巧妙而有创意地将故事的两部分结合起来。第一部分是抹大拉的玛利亚来到坟墓那里，看见坟墓已空，这时一个天使告诉她耶稣已复活。第二部分是她起初没有认出耶稣，以为是看园的。

9. 抹大拉的玛利亚认出复活的基督后跪拜在地。她的红斗篷将头罩住了。前一幅画中，她的红斗篷系在腰间，头发绾了起来；再前一幅，基督被钉十字架，她的头发披散，红斗篷褪到脚踝。乔托通过其衣着的变化，感人至深地表现出她的痛悔之情。

10. 耶稣手持“基督胜利”的旗帜，宣告他战胜死亡的荣耀。红色的十字架代表他的受难，白色的旗帜底色代表他的纯洁，二色相得益彰。这面白底红十字的旗帜后来和十字军产生了关联，因而也和圣乔治产生了关联。

11. 根据《雅各原始福音书》中的说法，在为童女玛利亚遴选夫君时，所有合适的单身汉都被要求带一根木棍前往圣殿。前后相邻的三幅画里都出现了同一个建筑，乔托告诉我们，所有三桩事都发生在同一个地方（第三幅没有在这页插画中）。

12. 这幅画可被视为一个戏剧停顿的表现：没有什么特别的事件发生。跪拜的红衣祭司呼应下图中目睹拉撒路复活而讶异惊诧、俯伏在地的抹大拉的玛利亚，以及在下一幅图中认出基督后跪拜的她。本图中众人在等待神的昭示，一如最下一幅图中，耶稣让抹大拉的玛利亚不要摸他，要等他升上天堂去。本图相邻的图中，等待有了结果：约瑟的棍子开出了花，表示他应当迎娶童女玛利亚；下图中的等待也有了结果，其相邻的图画即基督升天图。

13. 礼拜堂的左墙上描绘了各种罪恶（这个左右指的是面对祭坛的左右）。这面墙也描绘了最后的审判中的地狱景象，而最后的审判一图则绘在礼拜堂的西墙上。此处细部里表现的是“不忠”被拴在一个伪偶像上：对面墙上相对的是美德“忠信”。

14. “不公”统治着贫瘠荒芜、罪恶丛生的土地。对面墙上对应的是“公正”，其地井然有序。

三位一体的神

基督教源自犹太教，二者都是一神教：只信仰唯一的神。可是，基督徒要信仰耶稣，认为他不仅是犹太圣经中屡屡预言的弥赛亚，还是神之子，因此唯一神的性质就有了根本的变化。基督教的基本教义认为，虽然只有一个神，神却有三个位格，即神圣三位一体。神是三位一体的神：圣父、圣子和圣灵。

基督教历史两千年来，有关这个三位一体的性质的争论从未断过，根本的分歧导致了东西教会的分裂。但这一提法是有圣经依据的：耶稣差遣其门徒出去传道，“奉父、子、圣灵的名”（《马太福音》28:19）。过去的教会要给广大信众解释这些复杂的概念，艺术成了最重要的传道载义的途径。

三位一体的三个位格可以分别表示。圣父常常表现为一位白须的老人，端坐在天堂的宝座上。不过有很多地方，旧约“神”和“耶稣”混为一谈，盖因旧约中对“父”与“子”没有清晰界定。耶稣的形象则是个年轻人，早期图画中是没有胡须的。从11世纪始，除了不多几个例外，耶稣形象变成了留有乌黑长发和一部胡须，头后有光环，光环之内或之上有十字架。耶稣身着红蓝衣袍，复活后衣衫变成白色。

圣灵最通常的表现是一只鸽子，其经文根据是：当耶稣受洗时，“圣灵降临在他身上，形状仿佛鸽子”（《路加福音》3:22）。因此，在耶稣受洗（参见24页）、天使报喜（参见87页）、圣灵降临（Pentecost）的画面中都会出现圣灵。圣灵降临指耶稣升天之后，火舌降临到使徒们身上，他们因而得到圣灵默示，

神圣三位一体

圣米迦勒教堂，多底斯康布雷（Doddiscombleigh），英格兰

虽然偶像破坏者没有捣毁这个三位一体神的形象，但和其他版本比较，可以推知，中间人物下面空出来的黄色玻璃很可能原来是一个圣母玛利亚形象，坐在三位一体神的脚下：新教徒认为天主教徒崇拜圣母尤其是偶像崇拜。此处将三位一体表现为三个独立的人物，虽然基督教教义认为他们是合为一体的。有一种比较罕见的形象，将三位一体表现为一个身子三个头，目的可能是为了更明白地阐释这一教义，但解经家们（比如15世纪佛罗伦萨主教圣安东尼）认为该形象“过于怪诞”，不应使用。

◀ 骨箱面板

罗宾内（Robinet？），艺术与历史博物馆，弗里堡，瑞士

这是盛放圣徒遗骨的圣骨箱上的折合式双连面板的前片。（后片图案内容是圣母玛利亚和施洗者约翰。）面板四周的装饰是纪尧姆·德·格兰森（Guillaume de Grandson）的名字和盾徽，以及他的个人座右铭："je le weil"（"这是我的意志"）。这里的圣三位一体形象被称之为"仁慈座"图（不要与仁慈架混淆，参见57页），四福音书作者的象征物分列四角，每个都手持写有他们各自名字的经卷。圣马太在右上角，是个天使；圣马可在右下角，是一头生双翼的狮子；圣路加在左下角，是一头长翅膀的牛；圣约翰在左上角，是一只鹰。（另参见92页—97页。）

用不同语言传道（参见87页）。大多数表现三位一体的画面中都出现了鸽子。有一种叫"施恩座（mercy seat）"（天主教称为"赎罪盖"）的图画，就侧重表现圣父的慈爱与护佑，也提醒我们他牺牲了他的独子：长须飘拂的耶和华父亲扶持着被钉十字架的基督，一只鸽子飞翔在二者之间，端坐天堂宝座上的耶和华会是另一番模样。我们常见的形象是两个男子，一老一少，并排端坐，一只鸽子盘旋头顶（参见190页—191页）。还有一些不那么常见的例子，试图表现三位的平等，所以三个人物被表现成并排坐在一个宝座上的三个一模一样的君王。

不过，无论是赋予三位一体一个面孔，还是三个面孔，都不足以解释其性质：一个神如何能够存在于三个人身上？有一种叫"三一盾"的装饰图形（参见78页背景），简明扼要地解释了大部分上教堂的信徒需要知道的一切。三角形的三个角标注着"圣父""圣子""圣灵"。中心的词是"神"。三个名字之间用"不是"一词联接，因此这个图解读作："圣父不是圣子""圣子不是圣灵""圣灵不是圣父"。连接三角和中心的词是"是"，因此读作"圣父是神""圣子是神""圣灵是神"。这个图解没有解释为什么会是这样——这是个信仰问题，图解告诉我们信仰的内容。

耶稣：神与人

耶稣生息行止在人世，因此比圣父、圣灵得到更多描绘，出现在更多情境中。基督教四福音书讲述的就是他的出生、生平、死亡和复活。而有关耶稣的各种视觉形像不仅描绘他的生平故事，还阐释他的身份和本质。称他为“神之子（the Son of God）”与“神子（God the son）”的含义是不同的：前者更具人性，后者更具神性。早期教会中对此颇多争议。三世纪末四世纪初埃及亚历山大城的基督教思想家阿里乌斯（Arius，250—336）认为“神之子”必然是被造之物。325年召开的尼西亚大公会议（Council of Nicaea）将此信条定为异端（这个词是早些时候被造出来谴责诺斯替派，认为他们的信念违背正统教义）。不过，阿里乌斯的观点在某些基督教教派中还延续了好多个世纪。尼西亚大会将如下信条确定下来：圣父和圣子属同一实体，在创世之前就都存在了。

451年的卡尔西顿大公会议（Council of Chalcedon）更全面地阐释了耶稣的本质，主张他具有两种“性质”，即兼具人性与神性：他既是神又是人。头脑理解不了的概念，就用视觉艺术来表现。牟里罗（Murillo，1617—1682）的油画《两个三位一体》尤为清晰地阐释了基督的双重性质。教会四博士之一的圣奥古斯丁也用燃着的蜡烛打了个非常巧妙的比方：蜡好比耶稣的身体，包裹隐藏在蜡中间的灯芯是他的灵魂，火焰是他的神性。从这个比喻可明白，为什么有时候在“天使报喜”的画面中会出现熄灭的蜡烛：基督成为人时，他的神性被暂时遮蔽了。

亲见耶稣

有关基督的视觉形像更多描绘其尘世的生平故事，而非关注其确切性质为何。图画被视为“穷人的圣经”，因为当时候绝大部分平民不识字，能亲眼看到圣经故事以某种形式呈现在他们面前，要比聆听经文更容易让他们理解。圣方济各在这个方面的作用举足轻重，他创立了小兄弟会（Order of Friars Minor，又称方济各会），就是要向贫苦无告者、目不识丁者传道。他意识到，最能让人们感同身受的福音书部分就是基督作为人时的那些重要时刻：他的出生和他的死亡。圣方济各致力于推广圣

两种祝福手势

绘画、雕塑和彩绘玻璃中的耶稣经常在祝福。祝福手势源自教会惯例，有好几种形式。手势❶通行于东正教会，在拜占庭艺术中常见，通过手指的伸屈拼出字母组合ICXC，IC和XC代表希腊文“耶稣基督”的首尾字母。食指伸直（I），中指微屈（C），大拇指与无名指交叉（X），小指弯曲（C）。手势❷中，大拇指按住无名指和小指，代表“圣三一”；其余两个手指头代表基督的二性：人性和神性；有时会表达得更微妙一些，中指微微弯曲到和食指同样长度，表示耶稣的神性正屈尊俯就于人性。

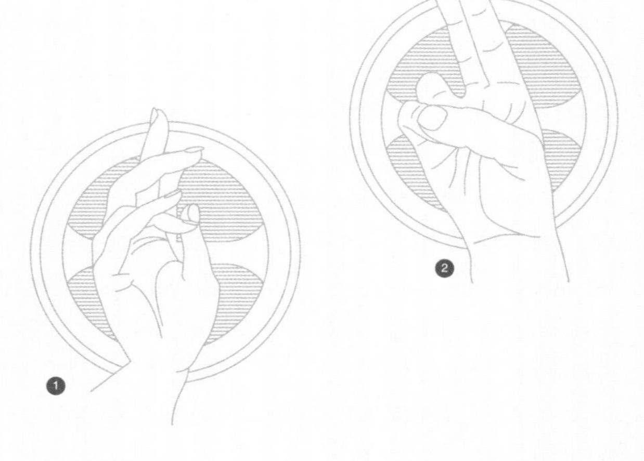

◀《两个三位一体》

巴托洛梅・埃斯特班・牟里罗（81 页上方那幅画的注 释 Bartolome Esteban Murillo）， 约 1675—1682，国家美术馆，伦敦，英格兰

耶稣站立于圣父正下方，圣灵飞翔在二人之间。这个垂直的中轴线（用红线圈出）代表神，圣三一的三个人物。油画的下半部，耶稣立于地面，两旁是他的母亲玛利亚和养父约瑟：这个水平的轴线（用绿线圈出）表现他在人世的家庭。耶稣是两个组合的重叠部分，告诉我们他既是神又是人。

诞节马槽模型场景（参见 52 页），因为他确信，如果人们亲眼目睹耶稣还是婴儿时无助的样子，会更好地理解神在具有人形时的谦卑。描绘耶稣生平的图画取材自四部福音书中的描述，可以分为几个阶段：基督诞生（从“天使报喜”开始），传道和行神迹（从“耶稣受洗”开始），最后是基督受难（从“荣入耶路撒冷”、“被钉十字架”到“基督复活”）。新约很少论及耶稣的童年，除了一处小插曲：有次人们找不着他了，最后是在圣殿里找到他，发现他在那里和长老们讨论。在这个叫作“基督与圣贤”的故事之外，还有各种民间传说，比如耶稣骑着一道日光，让泥塑的鸟儿有了生命。这些故事也经常出现在教堂的装饰中。

有些图画强调耶稣的神性，最著名的是“耶稣显荣（Transfiguration）”，当时耶稣带着彼得、雅各和约翰上山祷告。突然耶稣的脸面明白如日头，衣裳洁白如光。先知摩西和以利亚向他们显现，同耶稣说话，三位门徒还听到有声音从云彩里出来说：“这是我的爱子，我所喜悦的。”那一刻，门徒们确信耶稣就是神之子。把这个故事描绘成画面，也能让观看的人如此笃信。表现“基督复活”的画面亦是如此。“看见才相信”的最好的例子是“圣多马的不信”：门徒多马非要看见他、摸到他，才相信基督的复活。虽然后世之人不再如多马，能亲眼看见、亲手摸到，艺术家们仍尽其所能地要证明给我们看：文艺复兴时期艺术家们的绘画变得更加逼真写实，原因之一就是要让我们看得更清楚，因而也信得更深笃。

博洛尼亚斗篷法袍

13世纪末、14世纪初，中世纪市立博物馆（Museo Civico Medievale），博洛尼亚，意大利

斗篷（cope）是教士在主持弥撒仪式时罩在身上的法衣。绘画中常用这种斗篷式的法衣来表示主教身份。本插图中的斗篷法袍可能属于在位仅1年（1303—1304）的教皇本笃十一世（Pope Benedict XI）。这种用丝线和金线绣成的精美绣件叫作“英格兰刺绣（Opus Anglicanum）”，英格兰大量出口，曾经风行欧洲。1246年，教皇英诺森四世（Pope Innocent Ⅳ）无数次致函英格兰的修道院长们，要他们尽其所能地给他送去这种绣件，并声称：“于我们而言，英格兰诚为赏心悦目之花园，取之不竭之甘泉。”法袍上有两“环”叙事，一为“基督诞生”，一为“基督受难”，对应着圣诞节和复活节。“基督诞生”有12幅场景图，“基督受难”有7幅——两个数字均有其象征意义（参见104页—107页）。故事没有按照传统顺序讲述，如此编排可能是法袍结构使然。法袍披挂在主教身上时，沿直线边缘（本图的上端）的场景图会出现在主教身前，而中间部分的场景图则出现在主教的背后。

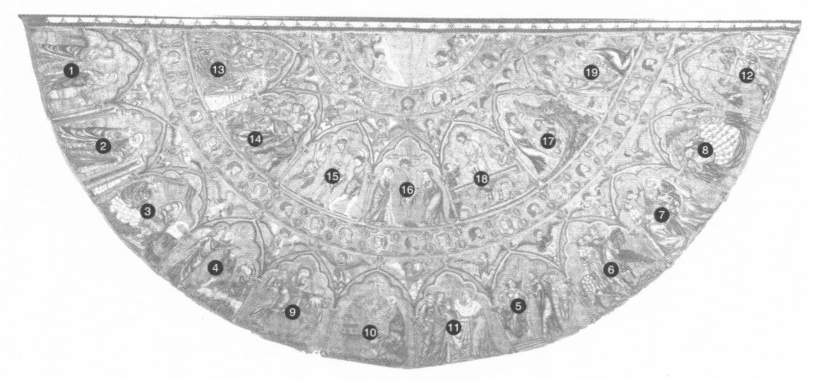

1“天使报喜”——天使长加百列告诉玛利亚，她将成为耶稣的母亲。

2 “仿亲”——玛利亚看望亲戚以利沙伯，后者也怀着孕，腹中之子为后来的施洗者约翰。

3 “基督诞生”——耶稣的诞生。

4 “天使报喜给牧羊人”——一个天使告知牧羊人耶稣的诞生。

5 “贤人，或曰博士，问询希律王”——他们在寻找一个“生下来做犹太人之王”的男孩，问希律王是否知道那男孩在哪里。

6 “博士跟随那星”——希律王要他们找到那个新“王”后回来报信给他，他们继续寻访之旅。

7 “博士朝拜”——那星停在耶稣的上头：三王之一手指那星，一王跪拜在地，献上礼物。

8 天使在梦中警告博士不要回去见希律王。

9 “逃到埃及”——有天使警告约瑟，希律王派来的士兵快到了，约瑟带领玛利亚和耶稣逃往埃及安全之地。

10 “屠杀诸圣婴孩”——希律王见博士们没有回去见他，就差人将伯利恒城里并四境凡两岁以内的男孩都杀尽了。这个故事被阐释为无辜婴孩为拯救基督而牺牲，并认为这些孩子的灵魂径直入了天堂。注意，这幅诸圣婴孩牺牲的图画就在“基督被钉十字架”的正下方。

11 “在圣殿里献与主”——按照犹太律法，耶稣的父母带耶稣上耶路撒冷的圣殿，要把他献与主，被大祭司西门认出是弥赛亚。这应当发生在圣诞后40天，也就是我们今日庆祝的二月二日“圣烛节（Candlemas）”。《路加福音》上说耶稣在割礼后立刻就被带到了圣殿，而耶稣割礼的庆祝日是在一月一日。虽然割礼不可能在圣殿进行，但有的绘画表现为在圣殿行割礼。那可能是艺术家的有意为之，因为这是耶稣的第一次流血。本图和“屠杀无辜”一图并列于“基督被钉十字架”正下方。

12 托马斯·贝克特殉难（参见55页、152页），是唯一一幅非圣经故事图。可能的解释之一是，这件斗篷法袍来自英格兰，但也可能是因为，纪念贝克特被谋杀的日子在12月29日，恰好在圣诞周。

13 “荣入圣城”——耶稣进入耶路撒冷，为示谦卑，骑的是驴而非马。围观的众人将棕榈枝叶铺在他的路上，于是该纪念日得名：棕枝主日（Palm Sunday）。

14 “出卖”——“最后的晚餐”后，犹大出卖耶稣，与他亲嘴，向士兵们表示这就是耶稣。

15 “鞭打”——“基督被钉十字架”之前，巡抚本丢·彼拉多下令鞭打耶稣。

16 “基督被钉十字架”——玛利亚和福音书作者约翰站在十字架基座两旁，和福音书里说的一致。

17 “君临地狱”——《使徒信经》中说：耶稣“在本丢·彼拉多手下受难，被钉在十字架上，受死，埋葬，降在阴间。”这幅图中，耶稣来到地狱——地狱入口是一张怪兽大嘴——释放那些自洪荒之初便在等待救赎的灵魂。这一场景也叫“降临净界”。

18 “基督复活”——当卫兵在他脚下熟睡时，基督毫不费力地迈出坟墓。这一节虽然发生在“君临地狱”之后，但图像却置于之前，好让它在主教背后居于更加醒目的位置。

19 “不要摸我”（Noli me tangere）——基督复活后向玛利亚显现，玛利亚却误以为是看园的人。当玛利亚意识到自己的错误后，基督警告她不要摸他，因为他已经离开这个世界，却还没有升上天堂。这则故事的命名来自耶稣对玛利亚说的话：“不要摸我”（《约翰福音》20:17）。

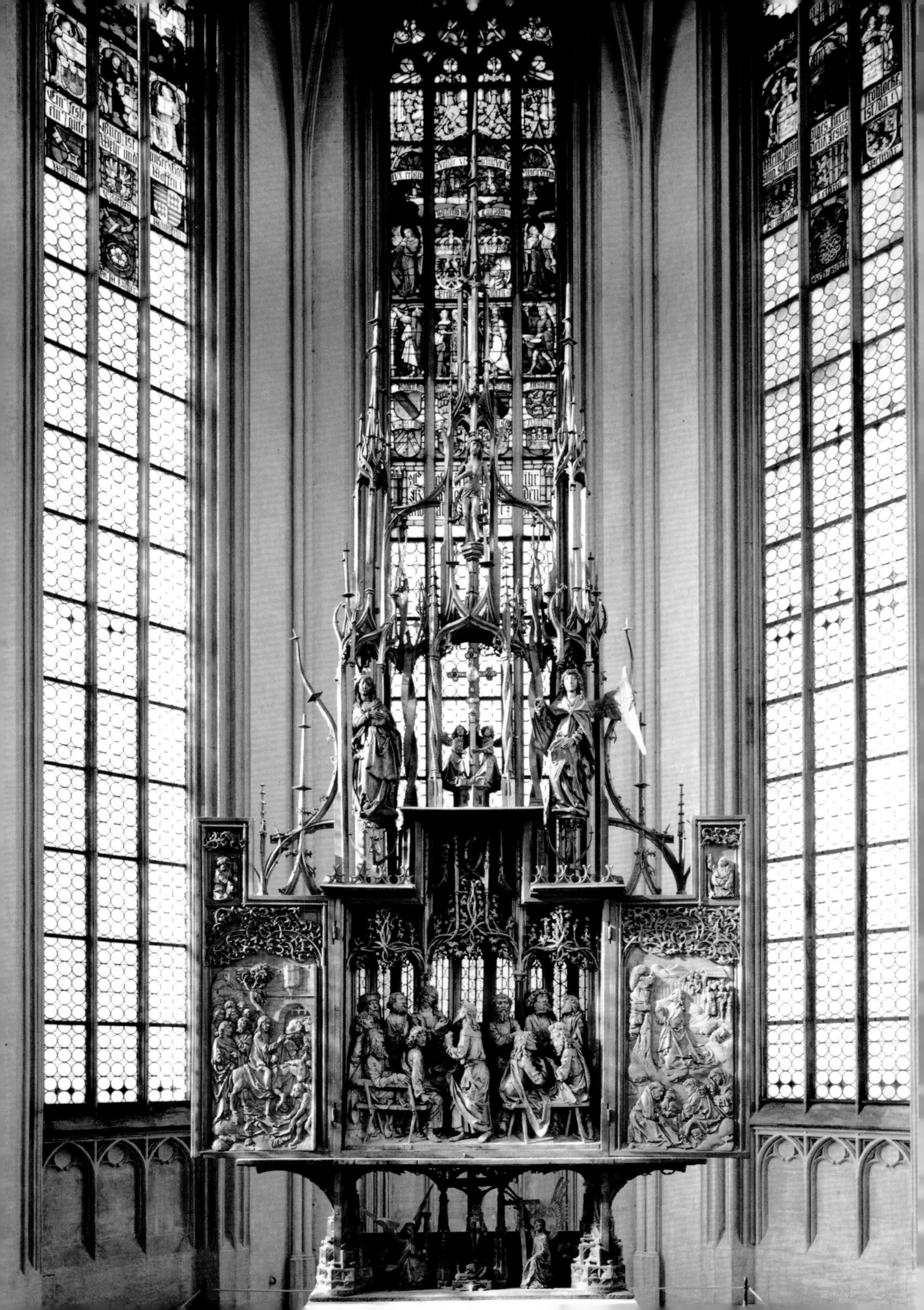

圣血祭坛

蒂尔曼·里门施奈德（Tilman Riemenschneider），1501—1555，雅各教堂（Jakobskirche），罗腾堡（Rothenburg），德国

这个精工雕琢的祭坛镶嵌了一件圣物容器，保存和展示着一滴基督的宝血，如此宝贵神圣的遗迹引得无数信徒前来罗腾堡朝圣。祭坛装饰是通透开放的，教堂窗户透进来的光芒因而更加意蕴无穷。“最后的晚餐”一景背后镶嵌着真正的玻璃，让天光可以照亮图景中人物，也让观看的我们备觉亲近——同样的光芒，照耀着他们，也照耀着我们。

1 “荣入圣城”——复活节周第一天，也就是“棕枝主日”，耶稣骑驴进入耶路撒冷。

2 “最后的晚餐”——耶稣和门徒在一间上房聚餐，同度犹太人的逾越节。耶稣说他们中的一个要出卖他，犹大起身离开。犹大在画面中一个显要的中心位置，左手攥着三十银币——他出卖耶稣所获的报酬。

3 “园中之恸”——“最后的晚餐”后，耶稣出来，到了一个叫客西马尼的园子中，为即将到来的严峻考验祷告，祈求力量。犹大带着一些兵丁前来，正通过右上角的园子大门，而最下方的彼得、雅各和约翰在打瞌睡。

4“被钉十字架”——耶稣在各各他（意为“骷髅地”）被钉十字架。人们相信摆在十字架脚下的骷髅就是亚当的头颅，基督的鲜血洒在上面，象征着亚当的罪被赎。

5 两个天使扶持的十字架上就是保存着那滴“圣血”的容器。后面窗户透过的光芒——可视为“神的光”——让人能清楚看到这容器，而且盛圣血的容器本身就是透明的，光线亦能通行无碍。

6 “忧伤的人子”——这不是“基督受难”叙事的一部分，而是一个象征性的表现，提醒我们基督的罹受苦难。基督站立，腰间系着缠腰布，一如被钉十字架时的样子，头上戴着兵丁用来戏弄他的荆棘编的冠冕，缠腰布的褶缀弧线呼应着手指伤口流出的血迹的曲线。

7 向圣母玛利亚报喜基督将诞生的大天使加百列在右侧。一般来说，“天使报喜”的画面中加百列都在左侧，但也有很多是反着的，两样似乎没什么区别。

8 玛利亚身子后仰，表现出听闻喜讯后的惊喜和谦卑：从窗户倾泻而入的光芒犹如照射在人世间的光芒，充满她的“恩典”就是通过基督流下宝血而加诸我们身上的恩典（参见8页—11页）。

9 天使握着“基督受难”的工具之一——基督被缚在其上受鞭打的柱子。

10 这个天使扶着的是一个十字架，“基督受难”的另一件工具。

玛利亚：神之母

和耶稣一样，圣母玛利亚得到的描绘也要多过圣父和圣灵——可能是因为她在耶稣的尘世生活中饰演着重要角色。她是耶稣的母亲，出现在他诞生和童年的所有场景中，在后来的故事中也是重要人物。东正教和天主教会尤其尊崇她，因而她在艺术中的地位也尤为显要。圣经对玛利亚描述甚少，只说了她来自拿撒勒城，已许配给约瑟。对新教徒来说，圣经里的只言片语已经足够，玛利亚是耶稣的母亲，值得尊重，但仅此而已。确实，在宗教改革期间乃至此后很久，新教徒都认为天主教徒的圣母崇拜无异于偶像崇拜，圣母像尤其需要捣毁（例如，参见78页的圣三位一体窗）。

“神之母（Theotokos）”——“神的孕育者”

“圣母（Theotokos）”的特殊称号在宗教改革之前许多个世纪就有了。431年在以弗所（Ephesus）举行的第三次基督教普教大会（Ecumenical Council）上，赋予了玛利亚“Theotokos”的称号，字面上的翻译是“神的孕育者”，但也可以理解为“神的母亲”。之所以要有这个称号，原因之一是对基督定性问题的持续关注——如果能接受玛利亚是“神的母亲”，那么“耶稣即神”就更加确定无疑了。要到20年后的卡尔西顿主教大会，才确立下来“基督二性（亦神亦人）”的概念。现在东正教会里仍然使用“Theotokos”这个称号。东正教徒和天主教徒认为玛利亚是“神的母亲”，所以应当比其他圣徒得到更高形式的尊崇。玛利亚不仅是“神之母”，亦是万民之母，绘画中一个常见形象是 “慈悲圣母（Madonna of Mercy）”，在她打开的斗篷下，芸芸众生都得到护佑。信众对圣母的尊崇愈甚，想更多了解玛利亚的愿望便愈强。《雅各原始福音书》能满足人们的部分愿望。这部伪经可能写成于

▼ “曙光之门”圣母像

约1630—1650，维尔纽斯，立陶宛

这是一幅在天主教和东正教居民中极受尊崇的圣母像，最初是为维尔纽斯城九城门之一、现今唯一幸存的“曙光之门（Gate of Dawn）”的一个神龛所绘，1655年后归附近一个加尔默罗会（Carmelite）隐修院修士负责。1671年，修士们修建了一个小礼拜堂来安置这幅画像，到1761年据称共有17次奇迹显灵，是玛利亚为在画像前祷告的信徒向神求得的结果。于是乎，画像逐渐“披金挂银”，1849年又添了一轮新月，是“无玷始胎”的象征图标。太阳的光芒是按原图装饰的，光芒之间嵌有12颗星辰。

天使报喜

法伊特·施托斯（Viet Stoss，1447—1533），1517—1518，圣劳伦斯教堂（Lorenzkirche），纽伦堡，德国

施托斯的这座比真人还大的“天使报喜”雕塑制作于1520年代后期，没有像纽伦堡其他许多圣母像一样在宗教改革期间遭毁坏，实属万幸。这座雕塑有时被叫作“玫瑰念珠天使报喜”，因为雕塑外围有一圈玫瑰念珠造型。传统的玫瑰念珠就是这样，由5个小串组成，每串10颗小珠子，间以5颗大珠子。祈祷时，每念一次祷文，就从指间捻过一颗珠子；每念10次圣母经后，要默想一个不同的奥迹。捻到小珠子的时候，念圣母经，即“万福玛利亚”，到大珠子的时候，念主祷文，即“我们在天上的父”。共有15端奥迹，所以要“念”三轮玫瑰经。这样加起来一共要念150次圣母经（与《诗篇》的数目一样）和15次主祷文。奥迹分为三组：欢喜五端，取自基督诞生；痛苦五端，取自基督受难；荣福五端，包括基督复活、基督升天、圣灵降临、圣母升天和圣母加冕。

1 **“基督诞生”**——表现“欢喜奥迹”的两个小圆盘之一。

2 **“众王来拜”**——“欢喜奥迹”的另一小圆盘，这两个场景紧随“天使报喜”之后。

3 **“基督复活”**——“荣福奥迹”之一，在玫瑰念珠的顶端，“天父”之下。

4 **“基督升天”**——表现众使徒跪拜，基督双脚正要从他们上空消失。

5 **“圣灵降临”**——小巧的“圣灵”盘旋在众使徒头顶。

6 **“圣母升天”**——众使徒环绕圣母，圣母正要离开地面。

7 **“圣母加冕”**——玛利亚和耶稣为涌动的蔚蓝天空背景所环绕。

公元2世纪中期，其中描述了玛利亚的出身，她的父母为若雅和安妮，她小时候父母带她去圣殿，她和其他童女一起生活在那里，最后凭着神给出的信号，约瑟被选成为她的丈夫（乔托在斯克罗维尼礼拜堂的壁画中描绘了这一场景，参见74页—77页）。接下来便是圣经的叙事：加百列向玛利亚显现，告知她将通过圣灵而受孕生子，她的儿子耶稣是神子。在法伊特·施托斯精彩绝伦的雕塑中（参见87页图），圣父在最顶端，将万丈光芒辐射向下，表示耶稣——“世界的光”——将要降临人世，而圣灵已触到玛利亚的头顶。雕塑下面还悬挂着一条口衔苹果的蛇——苹果乃禁果的象征。

道成肉身，即耶稣成为有血有肉的人，它的关键在于他将死在十字架上，然后他要战胜死亡，将我们从由亚当、夏娃带到人间的原罪中解脱出来。这就引出了玛利亚的性质的问题：玛利亚是亚当、夏娃的后代，因而她也是生而染罪的。十全十美的神，又怎可能诞自一染罪之身？神学家们认识到，玛利亚必须是清白无罪的，然而在“基督复活”前，是不可能有无罪之人的，因此玛利亚必须是通过神的特别赦免而获得无罪，或者从一开始就完全无罪。于是出现了两种观点：一种认为玛利亚在成胎儿之初是带罪的，但在她母亲的子宫里即被免了罪；另一种认为玛利亚在成胎儿之初就毫无瑕疵，清白无罪——这就是“无玷始胎”信条。

“无玷始胎”和“童女生子”是两个不同的概念。“童女生子”指的是玛利亚生耶稣时还是童女之身，“无玷始胎”则指的是玛利亚在其母亲腹中时便已免除原罪。这不是说她不是性交的产物，不过也有为数不多的神学家认为玛利亚也是童女所诞，但这从未成为教会的普遍信条。1854年，“无玷始胎”信条成为天主教的教条（即不容质疑的信条）。不过，“无玷始胎”的绘画雕塑却是从15世纪末开始就很普遍了，其标准形象源自《启示录》中一段话（12:1，参见43页及212页）。

还有其他一些衍生自此的观念。比如，原罪的后果之一是，亚当和夏娃必须辛苦劳作，会生老病死——我们所有人莫不如此（参见72页—73页）。如果玛利亚被免除了原罪，她就理应不会变老——所以在许多图画中她都显得如此年轻——她也应当长生不死，活到今天。但她现在在哪里？有些非圣经文本提供了答案，告诉我们：先是玛利亚的灵魂被耶稣接到了天堂，因此人世间的玛利亚虽然活着，但没有了灵魂，只能沉睡着，于是有绘画中被称作“沉睡的圣母”形象。使徒们决定将玛利亚的身体下葬，后来天使们把玛利亚的身体也接到天上去了（即“圣母升天”），她的身心得以重逢，然后耶稣给她加冕，封她为“天后”。戈登齐奥·费拉利为沙朗诺的奇迹圣母教堂装饰的美轮美奂的穹顶就是一幅“圣母升天”图。虽然费拉利不以创新闻名，但他确实开巴洛克先风，将绘画主题转化成一幕发生在真实空间里的戏剧场景：圣母置身于支撑穹顶的鼓室中（本图的下部），光芒环绕，她站在一小朵云上，被天使们抬上天去。为着她的到来，天堂的众天使们载歌载舞，演奏着各式乐器。在穹顶正中心，圣父张开双手欢迎她。

▶“圣母升天”穹顶

戈登齐奥·费拉利，1535—1545，奇迹圣母教堂，沙朗诺，意大利

用教堂穹顶来表现天堂穹隆，再没有比戈登齐奥·费拉利装饰的奇迹圣母教堂的穹顶更好的例证了。艺术家通过绘画和雕塑并用，使得效果更为煊赫堂皇：三维立体的天父和玛利亚木雕，系由费拉利本人雕刻和彩绘。

先知

“先知”就是那些预言基督将要到来的人。有男先知、女先知。圣经里只出现过男先知，且都在旧约中，除了施洗约翰是个新约人物——他被视为与旧约先知一脉相承的最后一位。他为人们施洗，预备弥赛亚的到来，因而有时被称为“先驱”。

有4个大先知：以赛亚、耶利米、以西结和但以理；还有12个小先知，旧约的最后12卷即由他们写成。巴黎圣母院的玫瑰南窗底部有全部16位先知的画像（参见37页）。沙特尔大教堂的北门外竖立着一些雕塑（见右图），他们是几位至关重要的人物，亦曾经有过预表将来的经历。第一位是撒冷王兼祭司麦基洗德（Melchizedek），他手持一只圣杯，“带着饼和酒出来”，祝福亚伯拉罕（《创世记》14:19），显然预表着“最后的晚餐”。第二位是亚伯拉罕，一般对亚伯拉罕的表现都是他按神的要求，将自己的儿子以撒献祭，以示对神的爱。一个天使叫停了这一不情不愿的献祭，指给他看一只公羊，可拿来代替献为燔祭（雕塑中公羊在亚伯拉罕脚下）。这个故事被解释为对神甘愿献出自己的儿子耶稣钉上十字架的预表。

第三座雕塑是摩西。摩西手握石板（上有《十诫》的律法），还有一根杆子，上面盘着一条蛇，神曾经指示他在以色列人遭受蛇灾时要立起这根杆子：所有那些注目黄铜蛇像的人都将被诅咒，而所有仰视基督的人都将得拯救。（摩西有时的形象是拿着一根杖，此杖他曾用来分开红海。）下一位是个祭司，正在献祭一只羔羊——基督的象征物（“神的羔羊”）。他可能是摩西的兄弟亚伦，也可能是膏立大卫为王的撒母耳。再下一位就是大卫了——头戴

▼ 女先知

拉斐尔，约1511—1512，和平圣母教堂（Santa Maria della Pace），罗马，意大利

拉斐尔为教皇儒略二世（Pope Julius Ⅱ）的御用银行家阿戈斯蒂诺·基吉（Agostino Chigi）绘制了这四个得到天使启示的女先知。从画中人物的姿态和形同雕塑般的造型可以看出米开朗琪罗对拉斐尔的强烈影响——米开朗琪罗为教皇儒略绘制的西斯廷天顶就有最最著名、最最重要的女先知画像。

王冠、手持长矛，他的左手已失，原本应当拿着荆冠。这个典出《诗篇》22 章，该篇被阐释为预言基督被钉十字架。其中第 16 节有词曰：“他们扎了我的手、我的脚……他们分我的外衣，为我的里衣拈阄。”

绘画或雕塑中这些人物的表现都突出了他们与基督以及基督教信仰的关联。可以通过他们的外表来辨认他们，还可通过他们身上的象征或标志物来辨认。手持经卷者一般来说都会是先知，新约人物则更多手持书本。（这是有历史根据的：直到公元 2 世纪才发明了我们现今所知的“书本”，即装订成册、可以翻页的手抄本。）手持经卷者若无其他特别的标志，就得靠看经卷上的具体预言来辨识他们是谁。

先知

1200—1225，沙特尔大教堂北门，法国

从左到右，五座雕塑依次是麦基洗德（手持圣杯）、亚伯拉罕、摩西、亚伦（或撒母耳）和大卫。

有些艺术家则会明明白白标出先知的身份。

女先知在经文中是没有的，但古典文献中不乏例证。柏拉图和亚里士多德提到过“女先知”，并且说世间只有一个女先知。但后来的古典作家认为女先知不止一个。基督教神学家们将女先知的数目扩展到 12 个，以对应次要的男先知数目，而且这个数字也有重要的象征意味。虽然女先知来历可疑，却经常出现在艺术中，特别是在文艺复兴时期的罗马（参见左图），不过还是没有男先知那么常见。

圣徒共融

“圣（saint）”一词的意思很简单，就是“神圣（holy）”。所有基督教教派都普遍认可：凡进入天堂、与神交通（in communion with God）的灵魂即为“圣”，都是圣徒。不过，天主教和东正教会追认一些人为圣徒，因为他们的生平或事迹有格外突出的德行，值得尊崇。信徒们甚至认为圣徒还能为阴阳两界的人在神面前代祷，因而会向圣徒奉上祷告。古往今来的朝圣者则纷纷前往保存敬奉圣徒遗骨的教堂圣地朝拜，比如下图中的女殉道者孔克的圣福瓦（St Foy at Conques）。早期的使徒全都被封圣，因为他们得到过基督的亲炙。信徒们还相信，为信仰而牺牲的殉道者是径直进入天堂的，自然就是圣徒。

基督教艺术中表现过的圣徒数目极为可观，要辨认他们可以通过服饰衣着，或者他们身上特别的象征或标志物。祭坛装饰中有圣徒，建筑里外有圣徒。为什么会有圣徒的形象，以及是哪位或哪些圣徒，原因各种各样，个人的，政治的，不一而足。有些圣徒得到更多表现，特别是圣母玛利亚和施洗约翰。有些圣徒常常以特定群体出现，比如四福音书作者——马太、马可、路加和约翰——就是最经常得到描绘的。建筑和家具上常有四方形，四福音书作者能够很方便地各占一角（例如，参见 79 页），或一面墙。他们的象征源自《启示录》，四个都生有翅膀，环绕着神的宝座：一人（或天使）、一狮、一牛、一鹰，分别代表圣马太、圣马可、圣路加和圣约翰。

另一组经常得到表现的圣徒是“教会四博士”：安布罗斯、奥古斯丁、格利高里和哲罗姆，通过他们的衣着可以区分他们。安布罗斯和奥古斯丁是主教，因此头戴主教冠。两人之间再做区别便是：有时候安布罗斯手持鞭子，象征鞭鞑异端，而奥古斯丁可能会手持其著作，比如《论神之城》和《论三位一体》。格利高里是教皇，头戴三重冠，20 世纪后半叶之前的教宗都戴这种有三层王冠的锥形帽子。哲罗姆做过教皇的顾问，在艺术中便被表现为红衣主教，穿红袍，戴宽沿红帽，虽然终其一生他从未被任命为红衣主教过。东正教会有它自己的“四博士”，其中包括“三教主（Three Hierarchs）”：圣巴西尔（Basil）、纳西昂的圣格利高里（Gregory of Nazianzus）、圣约翰•克里索斯托（John Chrysostom，又译“金

◀ 圣福瓦圣骨箱

约 980，圣福瓦修道院教堂，孔克，法国

这座雕塑装饰得如此富丽堂皇，可见基督教圣徒能享有怎样的尊崇。人们对有些圣徒的尊崇是纯然抽象的，但有些圣徒因为留有遗骨遗物（relics）在人世，则能得到特别的对待，会辟出一个主要地点来供人们朝圣（参见 155 页）。

口若望”），加上亚他那修（Athanasius），这四位被教皇庇护五世（Pius V）于1568年追认为东罗马教会的“四博士”。因此，圣彼得主教座椅上便有了圣约翰·克里索斯托和亚他那修（参见58页和66页）。

另一组重要的圣徒是十二使徒，只不过剔除了犹大，代之以马提亚（Matthias）或保罗，前者是耶稣升天后另11位使徒拣选出来的，后者是基督教早期的一个重要人物。

新圣徒

圣徒的数目不是固定的。早期教会曾经不断修正“圣徒”的概念，到今天，天主教会已经发展出了一套组织完善的封圣程序，不断扩大圣徒队伍。教会不是“制造”圣徒，而是“追认”圣徒，在“候选人”成为“圣徒”之前，教皇要为之行宣福礼，表示他们得到了神的“祝福”。

虽然圣徒的数目是稳步增长的，但有些历史时期追认的圣徒尤其多。以应对新教改革的“天主教改革（Counter Reformation）”期间，许多支持天主教改革的宗教思想家就得到了圣徒称号：接受新圣徒本身就有助于对抗新教信仰。

1609年，教皇为耶稣会创始人罗耀拉的依纳爵（Ignatius of Loyola，1491—1556）行宣福礼，此后的1622年，教皇格利高里十五世封其为圣。就在同一年，教皇格利高里还给阿维拉的特蕾莎（Teresa of Avila，1515—1582，又译大德兰）封了圣。圣特蕾莎是一个西班牙的加尔默罗会修女，死于1582年。她生前有狂热的超验体验，撰写了许多虔诚的著述，和罗耀拉的依纳爵之《神操》（*Spiritual Exercises*）一样，对天主教会的复兴和权威重建起了至关重要的作用。

20世纪后期，特别是由教皇约翰·保罗二世封授的圣徒就更多了，此时教会开始认可欧洲以外的基督徒的贡献，致力于建设一个种族多元的教会。英国国教会也抱着同样的目标，于1998年在西敏寺西侧竖起了一系列20世纪基督教殉道者雕塑，虽然没有封授“圣徒”称号。

△ 圣特蕾莎的狂喜

济安·洛伦索·贝尔尼尼，1647—1652，胜利圣母教堂（Santa Maria della Victoria），罗马，意大利

贝尔尼尼将圣特蕾莎梦见天使的一幕栩栩如生地表现在我们面前。雕塑看上去似乎镶嵌有边框，在一个椭圆形的空间内，就像墙里嵌着的一个大气泡。贝尔尼尼在小礼拜堂外建了一个天窗，光芒从此射入，令雕塑熠熠生辉。小礼拜堂的两侧，捐资者的雕塑有如坐在剧院包厢内，凝神观看着这动人的一幕，而我们则从祭坛栏杆后观看，效果同样好。

德米多夫祭坛装饰

卡洛·克里韦利（Carlo Crivelli,1435—1495），1474，国立美术馆，伦敦，英国

该祭坛装饰命名源自安纳托尔·德米多夫，一个大半生都在意大利度过的富裕俄罗斯商人。他在19世纪中期定制了这个精致的顶篷边框，就在圣母圣婴之上，以掩饰其中一块画板的缺失。这块画板现在保存于纽约的大都会艺术博物馆。克里韦利所描绘的圣徒可能是由祭坛装饰的恩主们选定的，这幅祭坛装饰是为意大利阿斯科利·皮切诺（Ascoli Piceno）的圣多明我教堂的主祭坛所定制——所以里面包括两位多明我会圣徒。

1 **施洗约翰**——通常表现为身穿骆驼皮外衣，戴着一个芦苇做的十字架，有时带着一个施洗用的碗。约翰通常拿着一卷经文，标示他是最后一位先知，经卷上写着："vox clamantis in deserto"（"在旷野有人声喊着说"）或者"ecce Agnus Dei"（"看哪，神的羔羊"）。他也可以抱着一只羔羊，通常手指基督，或圣经，或羊羔。

2 **圣彼得**——教会的第一位牧首，因此此处彼得像教皇一样头戴三重冠，身披斗篷，手持主教杖，仿牧羊人长棍杖的抽象形式（耶稣被视为"好牧羊人"，要求彼得"牧养我的羊"，今天牧师还会称其会众为"羊群"）。彼得还拿着天堂的钥匙（参见67页），但彼得穿得像个教皇是不常见的：通常情况下他穿黄蓝相间的衣袍，短发须灰白。

3 **圣亚历山大的凯瑟琳**——根据传说，凯瑟琳曾受酷刑（神摧毁了折磨她的刑具——带尖刺的轮子），然后被斩首。她要么有个破轮子，要么拿剑。

4 **圣多明我**——布道兄弟会（the Order of Preachers）、又称道明会（the Dominicans）的创始人，此处穿着其修道会的黑白修道服，手持一支百合，象征其纯洁。圣多明我有时前额会有一颗星，或在其光环上，因为据说他闪耀着圣洁的光芒。

5 **圣方济各**——穿着小兄弟会或称方济各会的褐色或灰色修道服，腰带上有三个结，代表贞洁、贫穷、顺从三个誓言。方济各身上有圣痕（与基督受难伤痕相应的瘢痕，据称曾在许多圣徒身上出现，被视为神圣的标志）。

6 **圣安德烈**——圣彼得的兄弟，常常表现为带着他被钉在其上的十字架。他的十字架是个X型十字架，这一传统是中世纪期间发展出来的，现在不常见。他常常穿绿色衣袍，蓄白色长须。

7 **圣司提反**——常常被誉为第一个殉道者。《使徒行传》记载了他被石头砸死的事迹。司提反手持嘉奖所有殉道者的棕榈叶，头上、肩上还有几块石头。他穿着助祭的服装。

8 **圣托马斯·阿奎那**——一位多明我会神学家，体形微胖，一手持书，一手持教堂。通常他前胸有一个太阳，象征其教导闪耀着神的光芒。

奥迹磨坊窗

约 1455 年，伯尔尼大教堂，瑞士

是哪些艺术家创作了这扇彩绘玻璃窗，现已不为人知。但他们可能是尼古拉斯·格拉瑟（Niklaus Glaser）的追随者，后者创作了该教堂的其他一些窗户。本图是整扇窗户的下半部分，五横排，每排四“灯”。上半部分是摩西以杖击石，为旷野中的以色列民引来汩汩清泉，变成一股清流流经下半部分。别处，以色列民还采集吗哪——神赐予的食物，这被阐释为“最后的晚餐”中的饼的预表。该窗户还突出了四福音书作者及教会四博士的重要性，前者是“神之道”的记录者，后者是“神之道”的主要阐释者。

⑩ ⑪ 磨坊底部有个斜槽，圣餐用的圆形薄饼从此处滑下，这是弥撒仪式中最常见的圣饼：福音书已经转化成圣饼。头上有十字架光环的少年基督站在斜槽末端，演示“圣餐变体”的概念：天主教认为圣餐仪式中经祝福的圣饼就是基督的实际身体。

④ 一个预言家，站立在从窗户上方“旧约”部分流出的河流岸边，预言基督将临。

① ② 预言家用一把手斧拓宽河界，可以视之为施洗约翰，圣经中对他的描述是：“在旷野有人声喊着说：预备主的道，修直他的路。”（《马可福音》1:3）——这个人物肯定在加快河水的流速。

⑦ 圣彼得头戴三重冠，穿着像第一任教宗一样，手指河中流水，他提起水闸来控制水流，将之引导向水车，带动水车转动。

⑥ 天使、长翅膀的狮子和长翅膀的牛——分别是福音书作者马太、马可和路加的标志——手持各自福音书中的经文卷轴。马太的经文是“这是我的身体”（基督在“最后的晚餐”中说的话，《马太福音》26:26）。这些话都被导入一个漏斗，下面是磨石，将“神之道”像谷物一般碾磨。

⑦ 圣约翰的鹰与其他三个象征物不作一处，也许是因为福音书作者是按福音书的顺序排列的（这在艺术中很罕见），然而也可能是因为《约翰福音》开篇便阐明耶稣即“神之道”。奥迹磨坊阐释的概念就是，（福音书所代表的）“道”将被加工成圣餐仪式的饼。

⑮ 圣哲罗姆穿着红衣主教袍，头戴宽沿帽，和一个主教（圣奥古斯丁或圣安布罗斯）一起手持圣杯，接住从奥迹磨坊中出来的圣体。圣杯的底部还能看到另两位博士的手。

⑭ 左边是圣格利高里，因为他戴着三重冠，他是教会四博士中唯一的教皇。他身后是安布罗斯或奥古斯丁，戴着主教冠：没有进一步信息，没法区分这两位。他们在给信众分发圣体。

⑬ 一个祭司或执事在分发葡萄酒。奥迹磨坊窗正对着伯尔尼大教堂的祭司席，就是祭司和助祭人员在弥撒仪式中就座的地方（参见 56 页），所以这扇窗可以让他们想到他们所行之仪式的意义和目的。

⑨ 加百列手举旗帜，上面书写的是天使的问候语：“蒙大恩的女子，我向你问安。”此处“蒙大恩”一词的位置上正是奥迹磨坊（参见 8 页—11 页）。

⑫ 玛利亚的衣袍采用传统的蓝色，宛如河流的延续，亦同其手中书本一个颜色：喻指其为耶稣之母，生命之源泉。

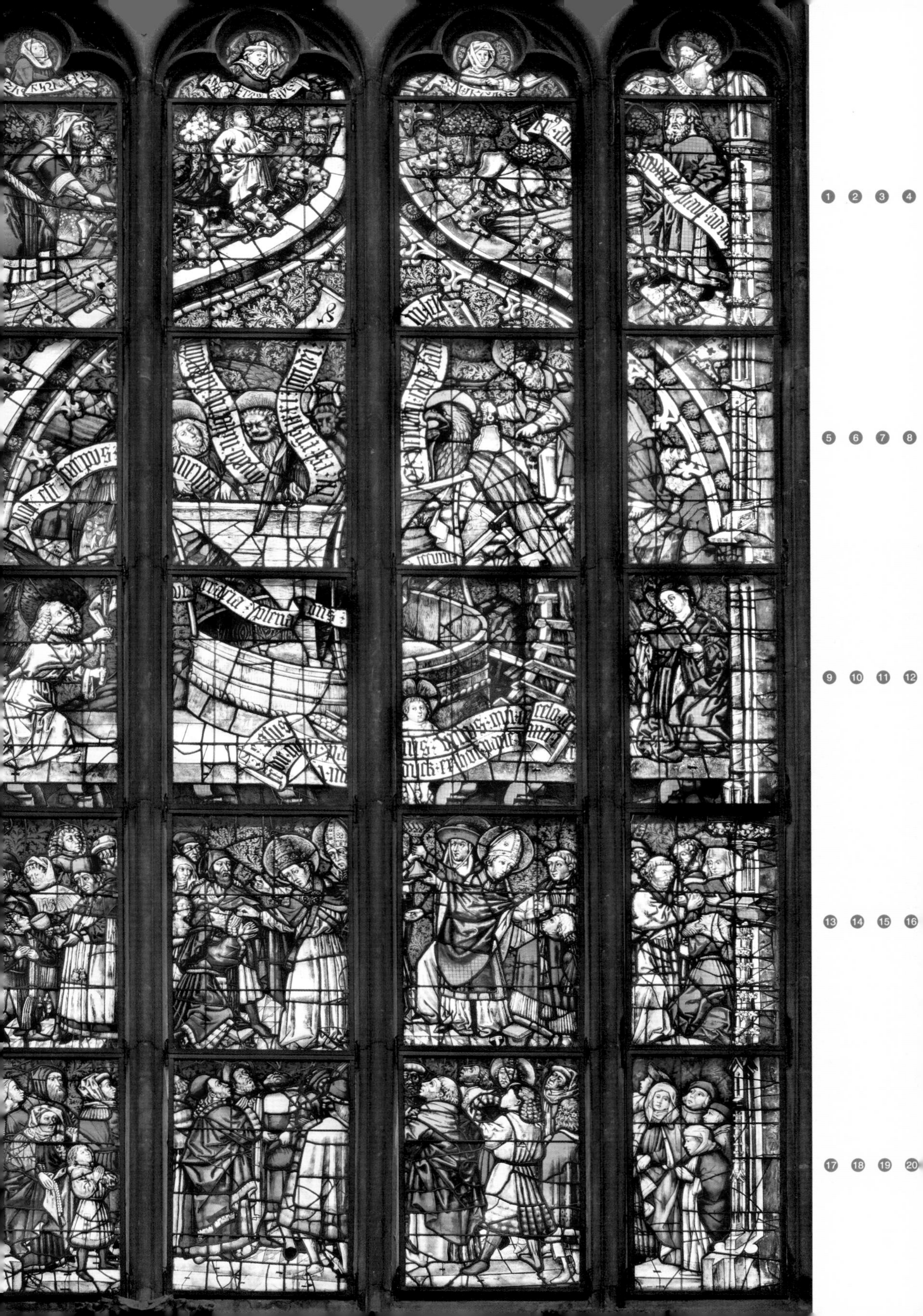
1 2 3 4
5 6 7 8
9 10 11 12
13 14 15 16
17 18 19 20

天使与魔鬼

圣经中对天使和魔鬼都有着非常逼真的表现，大众想象又加强和放大了其重要性，比如通过像但丁的《神曲》那样一些人们耳熟能详的书籍。天使们和神同处天堂，是神的使者，沐浴着恩典与荣耀——不像人类，天使们没有屈从于诱惑，没有堕落。而撒旦——据说是天使中最俊美的一位——却成为例外：因为他有野心，所以被赶出了天堂。叛逆的天使和忠诚的天使之间爆发了一场战争，忠于神的天使由天使长米迦勒率领，毫无悬念地赢得了胜利。撒旦掉落地面，然后坠入“深坑”，远离神的大爱，陷入冰冻的孤绝（虽然，在别处关于地狱的描绘里，有熊熊烈火炙烤着罪人）。但丁描绘了 9 层地狱，每 1 层匹配不同程度的罪。

新约中也有魔鬼和邪灵。耶稣受洗后，前往旷野40个日夜，抵挡住了魔鬼的试探和诱惑，回去后他赶逐了许多鬼，最著名的例子是抹大拉的玛利亚，曾有 7 个鬼从她身上被赶出来。但丁描述了 9 层地狱，也摹画了 9 个围绕神歌咏的天使唱诗班。教会采纳这一信仰，只是在具体情状和确切功能的描绘方式上有所变化。托马斯·阿奎那将 9 个唱诗班划分成 3 个等级：炽天使（Seraphim）、智天使（Cherubim）、座天使（Thrones）；主天使（Dominions）、

◀ 圣安东尼的诱惑

阿拉贡画派，15 世纪，美术博物馆，毕尔巴鄂，西班牙

不仅仅是基督受过魔鬼的试探和诱惑，宗教艺术中描绘的无数圣徒经受过的磨难提醒我们，我们也会受到试探和诱惑，而且，就像耶稣和圣徒们一样，我们也应当抵制诱惑。埃及的圣安东尼被尊为“隐修之父”（参见 120 页—123 页和 144 页），早在 360 年，亚历山大的亚他罗修就为其作传，记述其生平，刻画他所代表的理想。亚他罗修描述了安东尼所经受的诱惑：魔鬼或以美色来引诱他，或用百无聊赖来折磨他，或抽打他直到昏迷，或化身为毒蝎、蛇或野兽来恐吓他。这个故事不可避免地成为艺术家们钟爱的主题——安东尼所经受的磨难有幻觉的性质，给予了艺术家们充分施展其想象力的空间。

力天使（Virtues）、能天使（Powers）；权天使（Principalities）、大天使（Archangels）、天使（Angels）。

守护和引导

大天使是负责传达神的信息的主要使者，一般天使则负责帮助和守护我们，他们是最为我们所熟悉的。圣经中提到的天使中，只有三位有名号，有描述。米迦勒常被描绘为正挥舞长剑征服魔鬼（参见右图），有时是挥舞长剑将亚当、夏娃赶逐出伊甸园。他还拥有一副天平，在最后审判日用来衡量灵魂。

加百列是神最重要的信使。他有一根权杖，但在“天使报喜”图中，该权杖变形为一枝百合，以标示玛利亚之纯洁。他还是向施洗约翰之父撒迦利亚宣告其妻以利沙伯即将有子的天使。

第三位是拉斐尔，治病扶伤。《多俾亚传》中，他陪多俾亚前去为其盲父讨债。他为一位年轻的妇人驱了鬼，该女子成为多俾亚的妻子，后来他又为多俾亚之父治好盲症。这两件奇迹都是通过一条攻击过多俾亚的巨鱼的器官成就的。拉斐尔通常被描绘为和多俾亚并肩而行，多俾亚则拿着一条鱼。故事末尾，拉斐尔抛开其伪装，向多俾亚显现，并告诉他，自己是随侍神的座前的七天使之一。

圣经以外的一些文献中还提及了其他一些天使，但这些天使很少在艺术中得到表现。只有圣马可大教堂的创世穹顶上，众天使都得到了描绘（参见70页—73页）。

圣米迦勒

厄哈特·昆（Erhart Kung），1460—1485，历史博物馆，伯尔尼

圣米迦勒勇斗恶魔，已斫穿其胸膛和肋骨，一些肠子掉了出来。恶魔的一只脚踏在天平上，天平的另一个盘里是一个得到祝福的灵魂，耐心地等待着最后的审判。这座带金属宝剑的雕塑现在状况相当完好，还保留了大部分原来的着色。它和伯尔尼大教堂皇家大门的其他雕塑一道，已被转移进博物馆保存，以免受到空气污染的损坏，它原来的位置现在摆放的是它的复制品（参见162页—163页）。

美德与恶行

“如今常存的信，望，有爱；这三样，其中最大的是爱。”——《哥林多前书》13:13

教堂艺术中经常出现圣徒和天使，因为他们有着无可置疑的德行。美德指的是个人和集体的宝贵而美好的良善品格，过去在教堂装饰中常常被人格化为女性形象。在教堂艺术中曾经得到称许和体现的美德有许多种，但最常见的是“七美德”。

圣保罗在其致哥林多人的第一封书信中提到了三种美德：信，望，爱。最末一种现在通常翻译为“爱”，然而其拉丁原词 caritas 指的是神对人的纯洁且无条件的爱，以及人亦应当回报给神的同样的爱。“爱”的形象有很多种：或是该女子有着燃烧的心、头或手，喻指爱之火焰；或是持一只装满物什的羊角，亦即“丰饶之角”，象征其慷慨富庶；而最常见的是有两三个孩子绕其膝下。这三种美德称为“三超德”。

其余四种组成“四枢德”，亦即柏拉图所称的一个理想的人应当拥有的那些品质：节制（凡事有度）、审慎（谨慎明智）、坚强（有力量）和公义。有的“审慎”有三张脸，甚或三束火焰，代表过去、现在和将来，意指现在依赖于从过去经验中获得的智慧，从而决定将来的行动。有的“审慎”有一面镜子，因为需要“明鉴自身”。不过，象征物如何阐释还要看语境：有时候镜子象征“虚荣”，因为过于沉溺于端详镜中自己的人实为虚荣。陵墓纪念雕塑上最常见到这些美德的化身，表示逝者生前德行昭著（这样一种大胆张扬的优越感似乎专属于男性）。教皇西斯笃四世陵墓上囊括七大美德（可惜 101 页上图片中几乎看不到

教皇西斯笃四世陵墓

安东尼奥・德・波莱奥罗（Antonio del Pollaiuolo），1484—1493，圣彼得大教堂，罗马，意大利

三超德围绕于教皇头部，其余四美德居下方。教皇西斯笃属于德拉・罗韦雷（Della Rovere）家族，“rovere”的意思是“橡树”，众美德之下即是罗韦雷家族的盾徽，上面就有橡树图案。左下角为“修辞”，右下角为“文法”。“修辞”手中也握着一棵橡树。

1 **“信”**手持十字架和圣杯，表示信仰“基督被钉十字架”和弥撒。

2 **“望”**正在祷告。有的地方“望”手里会拿着锚，表示“望”使你锚定，不惧人生的风暴。

3 **“爱”**居于最顶上（图中大部分看不到），因为圣保罗说“爱”是最大的美德。通常她的形象是照顾好几个孩童。

4 **“审慎”**手持一条蛇，典出耶稣之教导：“要灵巧像蛇”（《马太福音》10:16）。她也拿着一面镜子，可能容易和“虚荣”混淆。

5 **“节制”**从一个容器里倒少量液体入另一个容器（这可以解释为在用水稀释葡萄酒）。

6 **“坚强”**的左手肘搭在石柱上，表示有牢固的支撑，她的另一只手里还握着权杖。有的地方她披盔戴甲，挥舞着大棒。

7 **“公义”**手持利剑和天平（有的地方她的形象更加孔武，手里还可能拎着一颗被割下的首级）。

“爱”）。还有许多其他美德，可见于其他的纪念雕塑——比如，“沉默者威廉”的纪念雕塑就包括“自由”和“宗教”（参见47页插图）。

卓越非凡的西斯笃也被表现得文采斐然，有十数个人文艺术的化身围绕其周遭。其中7个是凡受过基础教育的人必研学的标准科目。和美德一样，人文七艺也分成两组，一为“三艺”：文法、修辞和逻辑；一为“四艺”：算术、几何、音乐和天文。除此之外，西斯笃还添加了“神学”（他是教皇嘛）、“哲学”（通常包含所有学问），以及“透视”（他是一个艺术的大恩主——他所赞助的众多艺术作品中，最著名的是西斯廷礼拜堂及其壁画，好几幅壁画都运用了单灭点透视法）。

不过，西斯笃如此大肆张扬，恰恰犯了“傲慢”之恶习。“傲慢”为“七罪宗”之一，其余六罪宗是：暴怒、妒忌、色欲、贪婪（或贪心）、懒惰（或闲散）和暴食（参见右图）。另有“七恶行”，和“七罪宗”不是完全一致。“七恶行”和“七美德”一一对应：和“信”“望”“爱”对应的是“不忠”“绝望”和“妒忌”；和“节制”“审慎”“坚强”“公义”对应的是“暴怒”（或愤怒和失控）、“愚蠢”、“易变”和“不公”（76页中有“不公”）。

虽说所有基督徒都应该践行“三超德”和“四枢德”，但此外还有第8种美德：“谦卑”（很少得到恰当的描绘）。一个真正的基督徒不会夸耀自己的美德，而是应当谦卑为人，暗行善事——这是基督本人教诲之根本。耶稣讲过一则关于王如何区分义人和恶人的寓言：“……我饿了，你们给我吃；渴了，你们给我喝；我做客旅，你们留我住；我赤身露体，你们给我穿；我病了，你们看顾我；我在监里，你们来看我。”（《马太福音》25:35—36）这6项后来加上“安葬逝者”1项，统称为“七善行”。最后1项出自《多俾亚传》：虔敬的多俾亚按照犹太人的风俗传统为逝者施行葬仪。

藏书室

法兰茨·约瑟夫·霍尔津格和“无辜者”安东·瓦拉西（Franz Joseph Holzinger and Innocent Anton Warathy），1722—1726，本笃会修道院，梅滕，德国

该藏书室的石膏雕塑是霍尔津格的作品，壁画是瓦拉西的作品，整个装饰设计思路极富学问。入口两侧是“信”和“科学”为一尊基督胸像戴上王冠，有一则铭文曰藏书室是神圣智慧的殿堂。天顶画既反映出此地所藏典籍的类别（约20万册的藏书，是巴伐利亚地区最大的修道院藏书室），同时也表达了宗教高于科学、信仰胜过理智的信念。藏书室里还装饰有对“七罪宗”和“七美德”的描绘，全都生动活泼，轻盈妙曼。

七罪宗

希罗尼穆斯·博斯（Hieronymus Bosch），1485，普拉多博物馆，马德里，西班牙

这幅画曾经的主人是西班牙国王腓力二世，最初是用来做什么的，现在已经不清楚了，也许是张桌面。围绕中心圆圈的图画描绘了七罪宗：最底部的“暴怒”一图描绘的是一场斗殴；顺时针方向的下一幅是“妒忌”，典出一句荷兰谚语：“抢一根骨头的两只狗很难意见一致”；“贪婪”一图描绘的是一个法官受贿赂；“暴食”一图描绘的是人们暴饮暴食；“懒惰”中是形成对比的一对夫妻：妻子上教堂，丈夫不愿动；“色欲”中两对夫妻在看小丑取乐；“傲慢”里魔鬼递给妇人一面镜子。四角顺时针方向从左上角起是“万民四末”：“死亡”“审判”“天堂”“地狱”。“地狱”中描绘了罪人依其罪行而受惩罚。中央是一只巨眼，耶稣在其瞳仁中，下边有一句格言：“警醒，警醒，神看着”。其义自明：神能看到我们的过错，在我们死后，神将依据我们生前的所作所为而赏罚分明。不过，这一道德教诲虽则严肃，然而表达得极其幽默。

神圣的几何

“他立高天，我在那里；他在渊面的周围划出圆圈。”
——《箴言》8:27

《箴言》书里有经文，歌颂神为神圣的几何学家，认为神在创造天地时还使用了圆规。神的创世是完美的，最初的宇宙模型无不显示地球居于中心，太阳、月亮和星辰环绕地球沿完美的圆形轨道运转，但完美只持续到人类堕落前。亚当、夏娃将罪引入世间后，完美不再。艺术家和建筑师们的目标之一就是重新创造出神最初预想的完美，达到这个目标的途径之一是通过几何的完美和数学的大能。

早在基督教时代之前，像毕达哥拉斯（约公元前 570 年至公元前 495 年）这样的思想家就认识到，数字的特定组合能创造出和谐。他认识到，一件乐器上的一根弦奏出一个音符，只有一半长度的弦亦能奏出同一个音符，但是要高一个音阶。实际上，一个音阶上所有的音符都能用简单的数字比例来表示：1:2 是第八音，2:3 是一个五度音程（即音阶上的五个音符，比如从 A 到 E），5:6 是一个大调三度音程。像菲利波 • 布鲁内莱斯基和安德烈亚 • 帕拉弟奥这样的建筑师则特意运用这些比例，在他们所建造的教堂中创造出和弦的意韵来（参见 176 页）。

圣乔治教堂

13 世纪初，拉利贝拉（Lalibela），埃塞俄比亚

拉利贝拉城得名于拉利贝拉王。拉利贝拉国王敕令建造了 10 座相仿的雕刻自花岗岩的教堂。他无比虔诚，终至主动逊位，退隐修行。他去世后，他的妻子于 1220 年左右修建了这座教堂以纪念他。这座教堂与前 10 座相类，但青出于蓝而胜于蓝，成为最令人惊叹的花岗岩教堂。拉利贝拉王现今为倍受尊崇的埃塞俄比亚台瓦西多正教会（Ethiopian Orthodox Tewahedo Church）尊为重要的圣徒。

圣洛伦佐教堂穹顶

瓜里诺·瓜里尼（Guarino Guarini，1624—1683），1668—1680，都灵，意大利

给方形的教堂安上圆形的穹顶，并非稀罕之事，然而身兼修士、数学家和剧作家的瓜里尼却使得这座教堂非比寻常。从穹顶基座拔出八根肋梁，交错支撑起天窗，穹顶也因此得以开出8个五角形和8个椭圆形（从底下看是圆形）的窗户来。肋梁将这些窗户分成3个1组和5个1组，数字“3”呼应三位一体，而数字“5”吻合基督的伤口数目。该教堂定期存放那幅著名的“都灵殓布”，其上显示了基督的伤口位置。

数字与形状的神圣性

这些简单的数字比例能产生7个音符的整个音阶，这一点似乎意义重大。古希腊人也知晓7个天体：太阳、月亮和5个行星，他们相信天体的运行创造出“天宇的和谐”。基督教神学家们认识到，神在7日内创造出世界，此后7天1周的循环往复的延续就有如音阶的7个音符可以永无止境地延续一般。在神学家看来，这不是一个巧合，而是神的完备计划之明证。

数字7可以分为3和4，对应着三位一体和四福音书、三超德和四枢德、三艺和四艺。3加4等于7，3乘以4则等于12，1周7天，1年12月。12也是以色列部族的数目，还是使徒的数目，而这个世代后将象征性地取代世界的新耶路撒冷亦将有12座城门。许多教堂建筑赋予了数字重要意义，比如：巴黎圣母院的玫瑰南窗（参见37页插图）就重复使用了数字3和4，围绕中央的四叶饰有4圈窗户。十二使徒在第一圈，而整个南窗之下则是显示16位先知的窗户。

教堂地基的形状是十字形，我们通常以为那是十字架的形状，是信仰的标志，是纪念基督被钉十字架，然而实际上最初教堂采用十字形状纯属偶然。许多早期的教堂采用罗马的巴西利卡式会堂形式：一个狭长的大堂，东端有一座祭坛。君士坦丁大帝于4世纪初在圣彼得陵墓原址上建造了一座巴西利卡式教堂，前来朝圣的信众如此之多，只好在陵墓上方的祭坛两侧各添建一座耳堂，以缓解人流拥挤。到了后来，人们才注意到这两座添加的建筑使得整个建筑呈现出十字架的形状，再后来，十字架的形状就成了教会建筑和教堂的地面结构设计的主导原则，埃塞俄比亚拉利贝拉城内那些无与伦比的花岗岩教堂便是一目了然的例证（参见104页插图）。

另一个最常见的形状是圆。因为圆的轮廓没有中断，没有尖角，被认为是完美的，因此也是永恒与天堂的象征。圆还能用来代表玛利亚的纯洁和未被破坏的童贞。

有一些特定的教堂建筑类型是圆形的：陵墓（mausolea）是圆形的，因为死亡是没有尽头的，天堂的永恒是可期待的，被称为“圣科斯坦莎”的康斯坦西雅陵墓就是很好的例子（参见右页中的平面图）。有些教堂建成圆形是为仿照“圣墓”（Holy Sepulchre），即安葬耶稣的墓，不过有时候更像是仿照圆顶清真寺而建，而那是伊斯兰建筑。

敬献给某位殉道圣徒的教堂的殉道堂（martirium）也可能是圆形的，因为殉道者的灵魂当即便升上了天堂，而圆形代表天堂。另一个原因是为清晰标明殉道的地点：布拉曼特的坦比哀多小教堂（Tempietto）可为例证，它的建造是为标识当初人们认为圣彼得被钉十字架的地点（参见 175 页）。最后还有几个洗礼堂是圆形的（比如比萨洗礼堂，参见 154 页），因为洗礼仪式洗濯掉原罪，让受洗的人得到可以进入永恒天堂的应许。另一种常见的应用于洗礼堂和洗礼

▲ 挪亚的三个儿子

约 1180 年，第二扇预表论窗，坎特伯雷大教堂，英格兰

挪亚的三个儿子，雅弗、闪和含，站在一面大圆盘后，圆盘上标注“MUNDUS”（意为“世界”）。另一则铭文的意思是：“自此三子，专一信仰神”。世界一分为三显然与三位一体有关。教会的人格化身伊柯莱西亚象征性地立于一旁，更强调了这一关系对教会的重要性。挪亚的三个儿子被视为东方三贤的预表，该窗顶端便详细讲述了他们的故事。

盆的形状是八边形（octagon），这也蕴含着“永恒”之意，因为“第8天（octavo dies）”是周而复始的1周7天之后的头一天，这一天将绵延不绝，永无止境，一如在天堂：洗礼为人们打开了这一可能之门。

八边形也可看作是正方形和圆形的过渡形状：如果圆形代表天堂，那么正方形就代表人间。那些方形基座上有圆形穹顶的教堂则可视为人间天堂的象征。另一个常用形状是三角形，这是神圣三位一体的象征，绘画和三一盾（参见78页）等器具中常见三角形。三角形有时还被用于教堂地面构造，比如卡罗·博罗米尼（Carlo Borromini，1599—1667）所建的罗马圣依华堂（Sant' Ivo）。

文艺复兴时期，许多建筑师都致力于建造“中央设计”的教堂，其理想模式就是圆形，因为圆形是对称的，因而也更完美，更接近于神的世界的原初的和谐。不过圆形建筑并不适合礼拜仪式：神职人员需要面对会众，会众则需要排成长列来进行礼拜。此外，能容纳的会众越多越好，还要考虑列队穿堂仪式。如此种种，长方形的本堂无疑更加合适。不过，进入20世纪后，礼拜仪式有所改变，技术发展也使得神职人员即使没有面对会众，声音依旧传遍四方，因此圆形教堂就变得更为常见，著名例子有奥斯卡·尼迈斯（Oscar Niemeyer，1907—2012）为巴西利亚城设计的新颖独创的天主教大教堂（参见209页）。

数字的意涵

1 神。
2 基督二性：人性与神性。
3 神圣三位一体；世界的三大部分（欧洲、非洲和亚洲）；东方三贤；三超德；三艺。
4 四福音书作者；四元素（土、气、火、水）；四季；四枢德；基本四方（北、南、东、西）；教会四博士；圣科斯坦莎陵墓内四个最大的神龛在圆内形成了一个十字形状。
5 基督的伤口数目（两手两脚各有一个，胸口一个）；欢喜奥迹、痛苦奥迹和荣福奥迹的数目（参见87页）。
6 神创造世界的天数，但很少使用这个数字。
7 一周的天数；天体数目（太阳、月亮和五个已知行星）；音阶的音符数目；七美德；七艺；七罪宗；七善行；圣灵的七种恩赐；其他许多象征性的联想。
8 第八天（octavo dies）——最后一天，天堂中永恒的那一天。
9 九个天使合唱团；九层地狱。
10 十诫。
11 很少用，基督复活后的使徒数目。
12 十二使徒；以色列十二族；一年十二月；新耶路撒冷的十二座城门；圣科斯坦莎陵墓的穹顶由十二对石柱的圆形拱廊支撑。

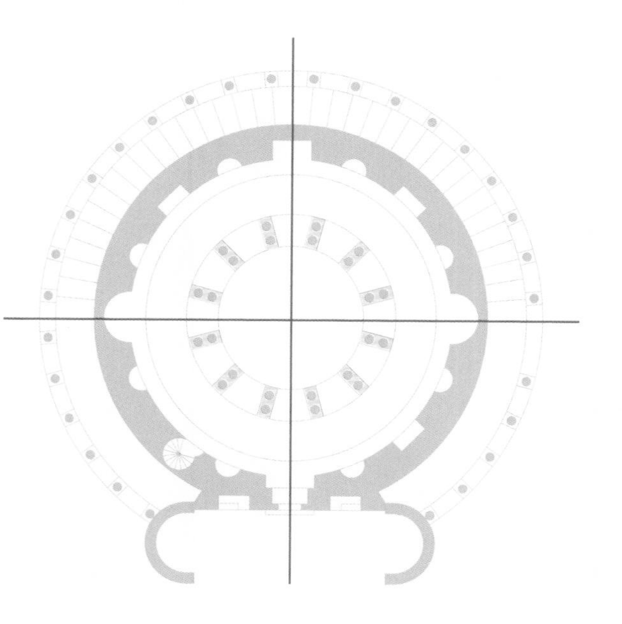

圣科斯坦莎陵墓的平面图，约350年，罗马，意大利（参见左侧4和12）

光与彩

“我是世界的光。跟从我的，就不在黑暗里走，必要得着生命的光。”——《约翰福音》8:12

光与彩在基督教艺术与建筑中都扮演着重要的角色，然而光无疑是更重要的——因为耶稣自称为“世界的光”。在“天使报喜”的图画中，加百列宣布耶稣即将诞生，通常会有一束来自天堂的光照在玛利亚身上。意大利的巴勒莫有一幅“天使报喜”的马赛克镶嵌画，描绘了一束光从一个蓝色的半圆（代表天空）照向玛利亚（如右图：玛利亚在穹顶底部角落的三角壁中）。这束光线用银色镶嵌磁砖表现，以区分神的光和金色背景反射的光。这幅画位于一个窗户下，自然光从窗中照耀进来，使得这个故事成为整个教堂结构的一部分。照进教堂的自然光是真实的光，是神的光，这一观点非常有力，一直沿用至今。日本的安藤忠雄（Tadao Ando，1941—）设计的“光之教堂”便直接以此命名（如左图）。

在圣像和祭坛上镀金箔的目的之一是反射蜡烛的光。早先的教堂用蜡烛来照明，有的教堂现在还点蜡烛。镀金箔不仅有让教堂更亮堂的实际用途，而且还传达着层次丰富的象征意涵，仿佛天堂的光芒在闪耀，而神的光辉从画中漫溢出来，照亮会众，让他们心明眼亮。殊途同归，光线透过彩绘玻璃，让我们看到窗上的图画，领略其传递的讯息。当文艺复兴时期的建筑师和新教的神学家们决定使用平光玻璃时，也是基于类似的理由：纯净的光能够唤醒我们头脑中的理智，运用逻辑来思考教堂的建构，或是神的真理，抑或二者兼修——毕竟，教堂的一砖一木，皆是为阐明神的真理而设计的。

◀ **光之教堂**

安藤忠雄，1988，茨城，大阪，日本

安藤设计的教堂之美部分来自它的简洁，而简洁亦是它要传递的信息之一：低预算建造，混凝土墙是现场铸造的，用作模具的木块随后被回收利用为长凳。教堂没有装饰，唯一的窗户是十字架形状的裂缝，这一设计不仅是这个教堂的重点，亦是整个基督教的根基：十字架即光明。

▶ **“马特拉纳教堂”（La Martorana）**

1143，巴勒莫，西西里

这个小巧的教堂建于1143年，是为西西里国王罗杰二世（King Roger Ⅱ）的海军元帅安提阿的乔治（George of Antioch）建造的，因此它以海军元帅圣母教堂（Santa Maria dell' Ammiraglio）著称。1433年它被并入一家修道院，修道院的创建者名叫爱洛依莎·马特拉纳（Eloisa Martorana），教堂也因此得了个更通用的名称：“马特拉纳教堂”。几乎与此同时，教堂被装饰上富丽丰美的镶嵌画。

辉煌与象征

金箔还被用来表现天堂的辉煌——对许多思想家来说，教会即是天堂在人世间的象征，因此它的建筑必须光彩耀目，并且超凡脱俗。早期的教堂也全都绚丽多彩，这一传统一直延续至罗马式建筑时期和哥特式建筑时期，得知这一点不能不令人讶异。然而，随着时间的流逝，这些原来的颜色剥落了，没有得到翻新，或者被特意铲除，以营造更朴实无华的内在氛围。

19 世纪时，随着人们对各历史时期建筑风格的认识不断提高，用丰富的色彩装饰教堂的理念又开始复兴，许多老教堂按照某一历史时期的风格被重新刷上颜色，新教堂则被建造和装饰得有如各个历史时期风格的集成。不过，甚至在这次复兴之前，巴洛克风格的建筑师们已然用视觉盛宴的荣耀藐视了“反宗教改革运动”所主张的朴实简素，他们大胆采用壮丽的彩色大理石，大量运用金箔和璀璨的照明，用强烈的视觉冲击来震撼观者的身心，让他们对教会所阐明的真理充满信心。

颜色还可以有更具体的运用，比如有特定的象征意涵，虽则颜色的象征体系是出了名的灵活。例如，紫色常与悔罪相关联，在教堂中通常用于预备阶段和反思阶段，比如说基督降临节（圣诞节前的 4 周）和四旬斋（复活节前的 40 天）期间。然而，紫色也是君主和帝王的权威的象征，比如拉文纳圣维塔的查士丁尼就曾身着紫色（参见 138 页）。深紫红色的斑岩也被用于皇陵（例如，康斯坦西雅的石棺，参见 113 页）。在许多拜占庭时期的圣像中，玛利亚也身穿紫衣（比如马特拉纳教堂中的玛利亚），赋予她女皇的尊荣。马特拉纳教堂镶嵌画中的玛利亚正在纺织红线。两股线合成一根线，象征着基督双性——人性与神性——的合二为一。此外，这里的红色还喻指基督的道成肉身（变成血肉之躯）以及他的王者之尊。根

颜色与教会日历

13 世纪，教皇英诺森三世引入了一套适合教会日历各个时期的礼仪色彩体系，对祭坛装饰和祭司法衣的影响重大。1570 年，教皇庇护五世制定了一套更全面的白、红、绿、紫和黑五色系统，最后一种颜色现今已经不用了（虽则直至现在大多数新教的教士在讲道时还是只穿黑色）。也有因地而异的变更，例如，蓝色在西班牙的部分地区用于圣母无染原罪弥撒仪式，而在美国则用于各个圣母瞻礼仪式。英国国教会采用同样四种主要颜色，只略有些变化。希腊东正教会的圣典中常用褐红色，而其他场合则多见白色与金色。俄罗斯东正教会和斯拉夫的教堂使用八种礼仪色彩。

白色
场合：圣诞节节期，复活节星期日，圣三一主日，基督圣体圣血节，主显节，耶稣显荣节，基督升天节，处女和告解神父的节日，婚礼，洗礼
象征：信仰，纯洁，无罪，童贞，庆典，荣耀，圣洁

红色
场合：棕枝主日，耶稣受难日，基督受难瞻礼，圣灵降临节，感恩节，使徒、殉道者和福音传道者的节日，坚信礼
象征：慈善，爱，道成肉身，受难，殉道

绿色
场合：普通的星期天（圣灵降临节后）和全年的工作日
象征：希望，永生

紫色
场合：基督降临节，七旬斋，五旬斋，四旬斋，圣灰星期三，受难周，濯足节
象征：悔罪，谦卑

据一些传统故事，玛利亚是在圣殿中长大的，和其他童女们一起为圣殿纺纱。她们抽签决定谁来纺哪种线，玛利亚抽中的是最昂贵的红线。在许多国家，红色织物仅能为皇室所用。北欧绘画中，玛利亚经常身着红衣，而在意大利绘画中，她则常穿蓝色。罗马天主教徒尊玛利亚为天后，也常喻之为水手们的指路明星。中世纪颂歌《海星颂》（*Ave Maris Stella*），意为"万福，海洋之星"——此处maris（"海洋的"，大海呈现蓝色）一词是关于玛利亚的一个双关。蓝色也是最贵的颜料，天蓝（佛青）与石青皆如此。在绘制玛利亚图像时，耗资愈多，愈显尊崇。

圣徒亦可通过颜色来识别。在意大利，圣彼得总是穿黄色和蓝色衣物，抹大拉的玛利亚则着红衣，然而在北欧她通常穿绿色衣服。纹章颜色的使用可以标示所在地点和主保圣人，比如苏黎世的圣彼得大教堂尖顶上的风向标使用的便是苏黎世城市徽章中的蓝色和白色。颜色也能表示特定品质：传统上，白色、绿色和红色分别代表三超德——信、望、爱。不过这三种颜色也被用为几个名门望族的纹章颜色，终至成为意大利国旗颜色，因此搞清楚相关背景至关重要。白色也能象征纯洁和贞洁，而红色则常指称基督受难以及殉道者的罹难。

△ **圣劳伦斯教堂**

18世纪，阿尔梅希尔（Almancil），葡萄牙

教堂内贴满了蓝彩瓷砖（azulejo），这种蓝白两色的釉面砖是葡萄牙建筑的显著特征。蓝白二色必然令人联想到天宇、天堂，而且也极其适合用来描绘圣劳伦斯的生平与殉道，这些画面环绕教堂，最终抵达美轮美奂、金光灿灿的祭坛。

植物与动物

神学家们对旧约做了详尽的阐释，认为旧约的一切都是为新约作预表，同样，他们也相信，神创造万事万物都有其目的，都是为了让我们铭记神的讯息。神第三天创造植物，第五天创造鸟和鱼，第六天创造动物。神学家们和老百姓们则赋予这些草木虫兽以象征意涵。如此“被使用”的植物和动物通常是使用它们的文化中最常见或最重要的物种。基督自己的传教就是用这种方式，即用听讲者的语言来布道，而他最早的门徒多是渔夫和农夫。

施洗者约翰认出耶稣后说：“看哪，神的羔羊，除去世人罪孽的。”（《约翰福音》1:29）——羔羊即代表耶稣，为我们的救赎而作了牺牲。后来耶稣让彼得照顾他的羊群，因而羊成了需要引导和保护的基督徒灵魂的喻体：耶稣最早的言说中称自己为“好牧人”。耶稣继续用农事语言讲道“我是葡萄树，你们是枝子”（《约翰福音》15:5），意思是神之讯息由他生发，但依赖其他人来传播。在最后的晚餐中，耶稣拿起酒，递给使徒们，说道：“这是我立约的血，为多人流出来，使罪得赦。”(《马太福音》26:28）从这里引申出一个观念：葡萄藤就如十字架，耶稣是挂在藤上的果实。所以，从基督教最早时候起，葡萄藤就是一个常见的象征。

康斯坦西雅的石棺上既有葡萄藤又有羊（参见右图），还有孔雀。孔雀也是一个很早就有了的象征。人们相信孔雀死后身子不会腐烂，故而赋予其不朽或永生的象征意义且被广泛采用。最常见的画面是孔雀在啄食葡萄，其

◀ 圣家族大教堂（Sagrada Familia）

安东尼·高迪（Antoni Gaudi），始于 1882，巴塞罗那，西班牙

自古以来，石柱便被比拟为树木。最初的建筑用木头支撑。后来，在古代的埃及、希腊和罗马，石柱取而代之，但依旧被雕刻成各种植物的样子。高迪在建筑和工程方面的理念别出心裁，强调植物形态乃神之创造。他富有创意地让圣家族大教堂内“生长”着这些枝桠交错的巍峨树木（也可参见 207 页）。

隐含之意是：如果我们想要上天堂得永生，唯一的途径就是与基督（葡萄为其象征）交融无间。之所以使用这些象征，部分原因是基督教在其最初的3个世纪是非法的，信徒们只能秘密地进行崇拜。耶稣最早的一个象征是鱼。原因有二：耶稣最早的两个门徒——彼得和安德烈——都是渔夫，更重要的是，“耶稣基督，神之子，救世主”这句话的希腊文首字母拼出的希腊词 ichthus 意思即为“鱼”。

四福音书作者中有3个有动物象征（参见92页）。圣马可是威尼斯的主保圣人，象征他的带翼雄狮在整个城市随处可见。另外，狮子也象征着力量，因而也常与圣哲罗姆相伴相随——曾有故事说圣哲罗姆从雄狮爪上拔出荆棘。这个例子再次说明，了解语境背景对认识象征的确切含义是多么重要。特别是对那些用于表明赞助恩主的象征标志尤其如此。有例为证：英王理查二世将白鹿作为自己的象征标志之一（参见164页—167页），他的同时代人很容易辨认，但五百多年后的我们就不甚了然了。

代表圣约翰的鹰和代表圣灵的鸽子是两个最常用的鸟类象征。早先人们认为金翅雀吃荆棘，它们头顶的红色羽毛来自耶稣的一滴血——耶稣受难时，一只金翅雀正在啄食荆冠，耶稣的一滴血掉在了它头上，金翅雀也因此成为耶稣受难的象征。燕子冬去春还，但当时人们不懂得鸟类的迁徙，因而把燕子当作基督死而复生的象征。还有一种鸟类行为也得到了神话般的演绎，人们称之为“鹈鹕的虔诚”（参见118页）。人们认为鹈鹕啄自己胸部来喂养其雏鸟。当然，这是误解，鹈鹕只是在进行反刍，但该现象与基督的牺牲及弥撒仪式之间的关联，也是显而易见的。在植物中，葡萄藤是最常见的象征之一，而纯净的白色百合则是圣母玛利亚最常见的标志，象征她的纯洁、贞节

▶ 康斯坦西雅的石棺（Sarcophagus of Constantia）

约350年，梵蒂冈博物馆，罗马

康斯坦西雅是君士坦丁大帝的女儿，在圣女阿格尼斯的地下陵墓边上为自己建造了一个圆形陵墓（参见107页），她就葬在那儿。她的石棺是斑岩材质的，昂贵的石材和华贵的紫色无不彰显其皇族身份。石棺上雕刻的羊、孔雀和葡萄藤等象征也出现在陵墓内的装饰中（参见135页）。目前摆放在该教堂内的石棺是件复制品，原件在梵蒂冈博物馆展出，被搁在两尊大理石母狮雕塑之上，石狮系许久以后的作品。

圣母、圣婴和圣徒、捐资人

杰勒德·大卫（Gerard David，1460—1523），1510年，国家美术馆，伦敦，英格兰

大卫此画的主题是亚历山大的圣凯瑟琳所经历的一个异象：她看到圣婴基督把一枚戒指戴在她的手指上。这一神秘婚姻是所有献身于耶稣的修女们梦寐以求的。在右边，圣巴巴拉和抹大拉的玛利亚默然见证着这一幕。左侧屈膝跪地者是捐资人理查·德·维希·范德·卡贝尔，他没有直视此情此景，而似在沉思默想，他跟前卧伏的狗的项圈上装饰着他的纹章。

白色百合花是玛利亚之纯洁与清白的象征，通常在“天使报喜”中呈献给她。百合还被用作贞洁的象征，为圣多明我和圣安东尼所持，因二圣皆毕生贞洁。红色百合（此细部之下）鲜红如血，是耶稣道成肉身和受难的象征。

鸢尾旧称“剑兰”，德语中也曾用这个名称。鸢尾是圣母玛利亚苦难的象征，源自玛利亚带耶稣至圣殿时西门的预言：“你自己的心也要被剑刺透”（《路加福音》2:35）。不过，鸢尾的颜色还与圣凯瑟琳的腰带颜色一样，也可能暗指她的被斩首：鸢尾之前即是她殉难的车轮和剑。

葡萄藤沿墙生长，十足为基督的象征：葡萄藤如十字架，耶稣是果实。此一细部（取自画面的最左边）描绘的是一个天使正在采摘葡萄。在画面更居中的位置，圣凯瑟琳的左手之后，鸢尾的上方，可见一个状若十字架的葡萄藤架。

无花果有时被认为是禁果——亚当和夏娃曾用无花果叶子做了他们的第一件衣服。但在这幅画中，它长在花园里，就在圣凯瑟琳的右肩之后，所以不太可能有禁果之意。有时无花果也被视为十字架的象征，而耶稣就是挂在其上的果实；人们还认为它有治愈伤口的功效，因此它也象征救赎。

在画的左上方，苹果树长在墙外。malum一词既有“邪恶”之意，也有“苹果”之意，因而苹果常与智慧树的禁果相关联。围墙本身就是hortus conclusus（封闭的花园）的隐喻，是玛利亚之童贞的象征。

耧斗菜的花形似4只鸽子，这不仅给了它名字，也赋予了它意义：它象征圣灵，也代表圣母玛利亚的纯洁无玷。耧斗菜的后面是野草莓，它的3瓣叶代表三位一体。无核的草莓被认为是天堂的果实，没有染上人类堕落后带至世间的不完美。

和清白。百合也被用来标识圣徒，比如圣多明我和帕多瓦的安东尼，二人皆以贞节著称。杰勒德·大卫为布鲁日的圣多纳廷教堂绘制的祭坛画中花卉众多，而百合即是其中一种（参见114页—115页）。

畸异之怪物

自古以来基督教就经常吸收、同化异教符号、象征、仪式和圣地。圣经里提到过龙，被描状为恶魔，因此骑士（如圣乔治）屠龙，就成为正义战胜邪恶的隐喻。基督教还将一些神话传说中的异兽"为我所用"，让它们在教会中也彰显意义。例如，传说中的独角兽把角探入毒药就能祛除其毒性，而且只有童贞女能够抓住它们。独角兽因此成为基督的象征，因为基督洁净了我们的罪孽，而且基督为童贞女所生。至于别处出现的那些魑魅魍魉、怪力乱神，只是为提醒我们邪魔无处不在，时刻窥伺机会绊倒我们，引诱我们犯罪：栩栩如生的怪诞、诡异的雕塑让我们时刻警惕，抵制诱惑。

有些鬼怪精灵的形象广为传播，其中之一便是"绿巨人"，尤见于英国国教教堂和天主教大教堂。绿巨人通常的形象是从一张脸上长出一圈儿树叶，该形象可能源自凯尔特人的自然神，在某条拉丁文的铭文中，他被称为"维里迪俄斯"（Viridios，源自拉丁词的"绿色"），以及源自罗马神话中的林木精灵西尔韦纳斯（Sylvanus）。不过，许多文化中都有这一类与冬去春来、万物复苏和生长相关联的神灵。如此，基督教中之所以容纳此一概念就显而易见了：从休耕的冬季更迭至欣欣向荣的春季，呼应着基督的死而复生。于是绿巨人被基督教会采用，将其抽离出原来的语境，用基督教的价值置换其异教的价值，从而化敌为友，同化兼并之。其他象征莫不如此。

▶ 绿巨人（Green Man）

14世纪早期，诺威治大教堂，英格兰

回廊东翼有许多绿巨人雕刻，这是最精致的一个。1272年，暴乱摧毁了原来的回廊，此回廊为1297年重建。

"美丽而畸怪之造物"

19世纪中期，巴黎圣母院，巴黎，法国

此言出自熙笃会修士克莱尔沃的贝尔纳所著的《辩护书》（*Apologia*），该书旨在维护其所属的熙笃修道会，并批评矫枉过正的克吕尼派教徒。他惊骇于教堂中使用材料之昂贵、建筑装饰之精美，认为教堂建筑中出现那些形形色色、怪诞不经的造物只会让人心猿意马而不能专注于神之道，并且也耗费了本应该花在穷人身上的金钱。图中这些著名的怪异之物出自巴黎圣母院（如左图和右图），看上去像是典型的中世纪作品，实际上属于19世纪的修复工程之一部分，出自建筑师让－巴普蒂斯特－安托万·拉索斯（Jean-Baptiste-Antoine Lassus，1807—1857）和尤金·维欧莱－勒－杜克（Eugene Viollet-le-Duc，1814—1879）之手。许多原来的雕塑惨遭毁损——先是1548年胡格诺派的破坏，后有1793年法国大革命的摧毁。

字母及法则

使用图画、雕塑是为了便于与目不识丁者交流沟通，但字母、文字当然还是被广为使用的。宗教改革后，新教徒撤除和销毁绘画、雕塑与彩色玻璃后，文字就益发重要了。譬如，用摩西十诫替换彩绘祭坛成为英国国教会的标准惯例。

教堂也用经文做装饰，包括四字神名（tetragrammaton），即用以代表神之名的四个希伯来字母（参见199页插图）。犹太人担心亵渎神名而不愿意使用神的全名，因而仅写下辅音而略去动词：基督徒读成“Jehovah”和“Yahweh”（耶和华）都是不准确的，然而无论如何这种读法已广为接受。

教会还使用其他词或字母来代表神。例如，希腊字母IC XC常被用来作为Iesous Christos（希腊文的“耶稣基督”）的缩写，其中显然是拉丁字母的C是希腊字母sigma（西格玛 σ）的一种形式，读音与“S”相似。这四个字母可以与Nika（希腊神话中的胜利女神）一词组合，表示“耶稣基督得胜”。Iesous的前三个字母是IHC，其中“H”或曰“eta”（希腊字母艾塔，大写为“H”，小写为“η”）的发音类似英语中“bed”的“e”。一种更为常见的形式是IHS，为拉丁文Iesus Hominum Salvator首字母缩写，意为“人类救主耶稣”。中世纪经文中的缩略词上方通常会加一道短横线作为标注。本例中“H”上方的横线添加一条竖线，便成十字，这一图案外再环以代表光芒的辐射线，便成了锡耶纳的圣伯纳丁（St Bernardino of Siena，1380—1444）在15世纪所推广的“耶稣之名”的标志，后又为耶稣会士所青睐（参见190页—191页）。在最早的基督教标志中，有一个是将Christos的前两个字母chi和rho（分别形似“X”和“P”）组合起来。313年基督教合法之前，并没有使用十字架作为象征，因为这个标志太过明显，也因为只有罪大莫及的罪犯才会被钉十字架，因而十字架是可耻的标志。当基督教最终合法

◀祭坛壁饰

格林林·吉本斯（Grinling Gibbons，1648—1721），1686年，圣母上教堂（St Mary Abchurch），伦敦，英国

吉本斯生于荷兰，却是17世纪英格兰最伟大的装饰雕刻家。他经常为克里斯托弗·瑞恩工作，但这是伦敦唯一一件有据可查的由他制作的祭坛壁饰：1946年在市政厅图书馆（Guildhall Library）发现一份支付其“olter pees”（应为“altar piece”即“祭坛屏风”在17世纪的拼写）的账单。

◀ 锡拉库萨主教的拱形墓龛（Arcosolium of Bishop Siracosio）

5世纪，圣约翰的地下墓穴，锡拉库萨（Syracuse），西西里岛

地下墓穴有三种类型，拱形墓龛是其中之一，包含一个顶部为拱形的石棺，为名门望族、富裕人家所用。图中墓穴上有凯乐符号（Chi Rho的组合标志，此处是正立着的，已俨然一个十字架），阿尔法和欧米伽，此外还有另外两个标志：鱼形的小舟代表教会，载着灵魂驶过人生的朝圣之旅；小舟系在大船上，言下之意是该基督教团体隶属于另一个更大的团体——锡拉库萨从属于罗马。

化后，十字架标志立即被广泛接受，到现在已随处可见，且拥有各种形式（参见右侧图示）。

基督被钉十字架的图画和雕塑常常使用另一个缩写形式：INRI。根据罗马传统，在十字架的顶上有一块标牌，上书犯人的罪行。而根据《约翰福音》的记述，是彼拉多亲自用拉丁、希腊和希伯来三样文字写下了“犹太人的王，拿撒勒人耶稣”这句话。尽管一些绘画中确实将三种语言都包含了，但更常见的是只有拉丁文 Iesus Nazarenus Rex Iudaeorum，或是其首字母缩写 INRI。

最后一组广为使用的字母来自《启示录》，是出现了三遍的一句话：“我是阿尔法，我是欧米伽，我是初，我是终。”（《启示录》1:8，21:6，22:13）因此希腊字母中的第一个字母阿尔法（A）和最后一个字母欧米伽（Ω）常被用来象征神从创世之初到时间终结的持续存在。

各异的十字架

十字架是基督教的主要象征，但它的形式不是独一的。许多十字架的形状是从伪装的符号演变而来的，直至成为日益精致的图形。以下是一些最常见的十字架图形。

凯乐符号（Chi Rho）——希腊文“基督”的前两个字母的组合，chi 形似 X（竖立时更像一个拉丁十字架——参见左图），rho 形似 P。

T 型十字架（Tau Cross）——在埃及广为人知，可能由古埃及生命之符 ankh 衍生而来。T 型十字架与埃及的圣安东尼有关。

拉丁十字架（Latin Cross）——圣奥古斯丁认为这就是钉基督耶稣的十字架。

希腊十字架（Greek Cross）——横竖都同样长。这一十字架用于东正教会，早期基督教中也常见。

八端十字架（Eastern Cross）——也用于东正教会。最上面的横线代表刻有 INRI 的铭牌，最下面的斜线则是基督双脚被钉的部位。它向左上倾斜预示着救赎——在“最后的审判”图画中，得到祝福的灵魂都在基督的右边。

圣安德烈十字架（St Andrew's Cross）或 X 型十字架（saltire）——据《黄金传奇》（13 世纪末编纂而成的关于圣徒生平故事的书籍）所载，圣安德烈殉道时是绑在一个对角线的十字架上。这个十字架成为辨识圣安德烈的特征（不过在很多意大利绘画中他背的是拉丁十字架）。圣安德烈还是苏格兰的主保圣徒，因此苏格兰的国旗有此图案。

耶路撒冷十字（Cross of Jerusalem）——十字军建立的耶路撒冷王国和圣墓骑士修道会（the Order of the Holy Sepulchre）。四个小十字代表四部福音书，也表示基督教在东西南北四方的传播。

ILLVM OPORTET
CRESCERE
ME TEM
MINVI

伊森海恩祭坛画（The Isenheim Alterpiece）

马提亚斯·格吕内瓦尔德（Matthias Grunewald，1470—1528），1515，菩提树下博物馆（Musee D' Unterlinden），科尔马（Colmar），法国

这幅将痛苦表现至极致的“基督被钉十字架”图，是为一所附属于一个圣安东尼派修道院的医院而绘制的，这所医院专治麦角中毒的病人，此病也称为“圣安东尼之火”，是由长在发潮的粮食、特别是黑麦上的霉菌引起的。病症有时极为严重：瘙痒、头部剧痛、痉挛、癫痫、幻觉和坏疽。这些症状在这幅祭坛画中均有表现。祭坛上方有个小台面，该台面的垂直面上绘制的是基督的尸身，明确表明基督已死。祭坛则是进行弥撒仪式的地方，圣餐变体发生，但基督复活也随后即至。这幅祭坛画可以被打开两次。第一次打开后，“基督复活”图呈现在右手边。再打开，尼古拉斯◦哈根诺艾（Nikolaus Hagenauer）雕刻的三座塑像出现在中央，右侧面板上绘制的是“圣安东尼的诱惑”。台面的垂直面板也能取下，后面是一座“最后的晚餐”的雕塑。

❶ 对基督的皮肤的表现极为残酷，不仅有鞭打的痕迹，还有类似该医院病人的皮肤上出现的病症。

❷ 大多数“基督被钉十字架”图中的十字架都是规整的木板，格吕内瓦尔德却画了一根劈斫得很粗糙的树枝，十字架之原始简陋愈加烘托了基督境遇的悲惨酷烈。基督的手指极度扭曲，摹状罹患“圣安东尼之火”的病人所体验的痉挛。

❸ 十字架顶端横着的木板上钉着一张纸，纸上有精细的笔墨字迹，是缩写形式的罪名。很可能原先有些没有署名的绘画就是用这种方式将画家签名粘附上去的，也确有几个艺术家把自己的名字绘制在能造成错视的这种标牌中。

❹ 圣塞巴斯蒂安的殉道过程包括被乱箭射穿，而他也是瘟疫患者的主保圣徒。（古希腊神话里，阿波罗的箭引发瘟疫。）塞巴斯蒂安的箭伤让人联想到瘟疫的脓疮。此处的伤口既是提醒我们基督身体上的裂口，也暗指该医院里的病人。塞巴斯蒂安并没有死于乱箭，因而也隐含着治愈之意。

❺ 天使带着殉道之冠从天而降，象征塞巴斯蒂安战胜死亡，即刻进入天堂。被乱箭射过后大难不死的圣塞巴斯蒂安最终是被石头砸死的。

⓬ 恶魔破窗而入，暗指圣安东尼的诱惑。再次打开祭坛画，就能看到对这一主题的专门描绘：安东尼受到众多恶魔的侵袭，显示其遭受的精神折磨。他与麦角中毒一病的渊源即在此：“圣安东尼之火”的症状之一即为幻觉。

⓫ T 型十字架表明这个人物就是圣安东尼，该医院的主保圣徒。他的另一个标识是一头猪（这里没有画出来）——圣安东尼派的修道士们养猪来改善伙食，因而他们所照顾的患者更容易治愈。

❿ 施洗约翰这样向耶稣问候：“看哪，神的羔羊，除去世人罪孽的。”神的羔羊拿着一个十字架，胸前的鲜血流入圣杯：“他像羊羔被牵到宰杀之地”（《以赛亚书》53:7）——施洗约翰指的就是这则旧约预言。

❾ 尽管圣经为施洗约翰所持，但也可能指涉福音书作者约翰。《约翰福音》开篇即是：“太初有道，道与神同在，道就是神”（《约翰福音》1:1）。耶稣等同于道，而施洗约翰认出了他这一本质。也可能暗指耶稣应验了旧约里的预言。

❽ 施洗约翰认出基督就是弥赛亚。他的话写在此处：“他必兴旺，我必衰微”（《约翰福音》3:30）。施洗约翰在向人解释自己并非救世主，却因为耶稣已在人世而喜乐。

❻ 十字架下方，福音书作者约翰搀扶着圣母玛利亚。基督致语二人，让他们在自己死后彼此照看（《约翰福音》19:26—27）。

❼ 据新约记载，基督被钉十字架时，抹大拉的玛利亚与圣约翰、圣母一同在场。她最常见的标识是装香膏的罐，她曾用这香膏洗过基督的脚，后来还将它带去基督的坟墓，膏他的尸体。

捐资

“捐资人”是出资修建或装饰教堂的人，所以通常他们对教堂的修建或装饰有决定权。为什么有人愿意出这个钱呢？原因很多。僧修道士和教士需要一座教堂来礼拜和传道。有人慷慨解囊，是为了神更大的荣耀。虽然这个动机很容易招致讥讽，但动机本身确实出于真心和虔诚。还有人是用钱来赎罪，例如帕多瓦的斯克罗维尼礼拜堂，就是斯克罗维尼为其父赎罪而建造和装饰的（参见 74 页—77 页）。

有多种方式来表明捐资人的身份：比如盾徽（参见 79 页圣骨匣盖），以及其他一些象征标识，比如理查二世的白鹿（参见 164 页—167 页），或者诺威治大教堂的屋顶浮凸雕饰中的金井（参见下图和右图）。捐资人愿意留下这样一些身份标识，既是希望能对他们个人的贡献有所表达，也是他们慷慨大方的体现。捐资人如此慷慨解囊，生前世人仰慕其财富和地位，身后信众还会为他们祈祷，祝福他们的灵魂尽快上天堂。

同时还有一种现实需求，那就是确保一方安葬之地。对用作家族墓葬的私人小礼拜堂的捐助，是教堂装饰的一个重要资金来源。一个人身前就可以委托建造自己的墓穴，为亲族后代所做的预备安排也可以写入遗嘱。通常所捐资金不仅要能建造墓穴和装饰小礼拜堂，还要包括祭司法衣和礼拜仪式所用的金银餐具的资金，这样就能为逝者安排特定日期的弥撒。有的捐资人乐意隐姓埋名，不为人知，但显摆自己的还是大有人在。理查·德·维希·范德·卡贝尔委托杰勒德·大卫绘制一幅祭坛画（参见 114 页—115 页），画中便有捐资人的肖像，他跪于圣母和圣婴前——这是常见的做法。有

◀ 屋顶的金井浮凸雕饰

1460 年代，诺威治大教堂，英格兰

除了盾徽纹章和个人标志，还可以用画谜来代表捐资人的名字。主教詹姆斯·葛德威尔（James Goldwell，其姓“Goldwell”意为“金井”）委托人建造诺威治大教堂长老席上的拱顶（参见右图），图中所示的浮凸雕饰中的画谜很简单，就是一个天使抱着一个金井，天顶上一共有 94 个这样的浮凸雕饰。

▶ 长老席，葛德威尔弥撒小礼拜堂

12 世纪—15 世纪，诺威治大教堂，英格兰

1463 年，诺威治大教堂发生一场大火以后，主教詹姆斯·葛德威尔捐资为长老席修建了一个新的石拱顶，与诺曼风格的后殿异常协调。他还修建了一个弥撒小礼拜堂，位于大教堂之内，是安葬逝者和为逝者祷告之地。图片右下角的红、绿、金三色的地方即为弥撒小礼拜堂。

威廉二世向圣母敬献蒙雷阿莱大教堂（Monreale Cathedral）

12 世纪末，蒙雷阿莱大教堂的回廊，西西里岛

这一柱头安在回廊西侧的两根细柱顶上，人们从这一面看到的大教堂正好就是柱头中大教堂的样子。整座教堂建于 800 年前，现在看上去还是柱头中所雕教堂的样子。

时候在装饰作品中，捐资人甚至是将他们所捐之物直接敬献给神或圣母（参见上图）。

因为是由捐资人来选择艺术家或建筑师完成他们的委托，他们对作品的风格和内容影响甚巨，甚至起决定作用。比如说祭坛画，捐资人通常会明确指示要画什么，要包括哪些圣徒。圣徒人选可以由祭坛画所属的教堂指定，例如伊森海恩祭坛画（参见 120 页—123 页）；或由特定的捐资人决定，例如威尔顿双连祭坛画（Wilton Diptych），包括了理查二世的主保圣徒施洗约翰和两位得以封圣的王室先祖（参见 164 页—167 页）。

教会与国家

莎士比亚的同名戏剧中，理查二世慷慨陈词：“加冕礼赋予国王的馨香 / 是倾大海的狂涛也冲刷不去的。”（朱生豪译）此言可见对“君权神授”的恒久信念：君王在人世间的权力为神所亲自赋予，由神在人世的代表（教皇）为其膏以香油。

在英格兰，一直以来都是坎特伯雷大主教代表教皇的权威，理查二世时期即如此，不过莎翁的时代却不是。数不胜数的画面表现了神祝福他所选的统治者：这是威尔顿双联画的重要主题，也是蒙雷阿莱大教堂中的一幅镶嵌画的主要内容：西西里国王威廉二世得到基督的祝福，其君王地位因而坚不可摧（参见下图）。

教会与国家看似和平共处，实际上却从来都是剑拔弩张，暗流涌动。基督教早期（不同世代不同地区不同政权下）属非法，自不待说。313 年基督教得以合法，380 年成为罗马帝国的国教。然而事实远为复杂：330 年君士坦丁大帝离开罗马，在东方建立了一个新首都并命名为“君士坦丁堡”，帝国遂有了第一次东西分裂。一份被称为“君士坦丁的赠礼”的文件表示，大约在此一时期，君士坦丁大帝本人赋予教皇统治罗马和整个西部帝国的权力。这一文件被用来巩固教皇的世俗统治权（许多个世纪里，教皇统治着意大利半岛的大部分地区）。

“君士坦丁的赠礼”后被证明是伪造的：早在 1440 年，学者洛伦佐·瓦拉（Lorenzo Valla，1406—1457）即指出其用语不符合当时用法，现在认为该文件写于 8 世纪中期，当时有关如何平衡世俗统治和精神统治的争议方兴未艾。该文件被伪造出来后不久，教皇利奥三世遂于 800 年为法兰克统治者查理曼加冕，封其为“罗马皇帝”。之前查理曼曾应召前往罗马保护教皇，利奥为其加冕，不仅为嘉奖其护驾之功，同时也为自远于拜占庭，让自己与这个罗马帝国依旧强大的东部余脉划清界线。

此举也帮助确立了由哪一方来负责统治欧洲，尽管在接下来的许多个世纪里，教皇和神圣罗马皇帝之间的争端屡见不鲜，都坚称自己应当有优先权。教皇对所有的基督教徒（宗教改革后是对所有的天主教徒）拥有精神宰制权，同时还统治着教皇辖地（Papal States），直至 1870 年意大利统一，教皇庇护九世

基督与威廉二世

1180 年代，蒙雷阿莱大教堂，西西里岛

这幅镶嵌画在长老席的北墙上，正对面是另一幅镶嵌画，内容是威廉二世向圣母和圣婴敬献大教堂，与 126 页上的柱头雕刻属同一主题。威廉敬献大教堂，所得回报便是此图中基督对其统治权的确认。

退至梵蒂冈，拜占庭帝国存续至1453年——被奥斯曼帝国打败。在那之前，拜占庭皇帝同时也是东正教会的牧首。欧洲其他地方的一国之君则需要得到教会的认可：必得由教皇或其任命的代表（主教或大主教）来为国王或女王加冕。英格兰国王亨利八世在与罗马教廷斗争多年后，于1534年改变了这一惯例：《至尊法案》使亨利八世成为英国教会的“至尊首领”。直至今日，英国都有自己的国教，意味着国家的首领同时也是教会的首脑。而在其他国家，法律规定政教分离。比如在美国，《宪法第一修

▼ 君士坦丁的赠礼

约1247年，四殉道堂（Santi Quattro Coronati），罗马，意大利

这幅湿灰泥壁画的具体日期已经无从考证，不过很可能与教堂的年代差不多——教堂于1247年举行的献堂礼。在前面的壁画中，教皇西尔维斯特治愈了君士坦丁大帝的麻风病，而在本壁画中，他头戴主教冠登上宝座。君士坦丁大帝一手递给他三重冠，象征他将统治罗马，一手去牵他那匹刚迈出城门的马的缰绳。在下一幅壁画中，教皇将骑着这匹马进入罗马，君士坦丁大帝则牵着马，谦卑地走在前头。

▲ 圣乔治教堂的尖顶，布卢姆斯伯里

尼古拉斯·霍克斯莫尔（Nicholas Hawksmoor，1661？—1736），1716—1731（狮子和独角兽为蒂姆·克劳利雕刻于2005—2006），伦敦，英格兰

◀霍克斯莫尔试图古为今用，将圣乔治教堂建成老普林尼笔下世界七大奇观之一的摩索拉斯王陵墓（Mausoleum at Halicarnassus）的样子。只是在这个造型特异的尖顶之上，矗立的不是摩索拉斯王的雕像，而是英王乔治一世的雕像。霍克斯莫尔当初的建筑里是有狮子与独角兽的（分别为英格兰和苏格兰的纹章兽），却在1870年代一次“修缮”中被移走，因为当时的维多利亚人认为它们很轻浮。最近由蒂姆·克劳利（Tim Crawley）重又雕刻了一对狮子与独角兽，安放在教堂之前。教堂刚建成时，就有人意识到在尖顶上竖国王雕像太过怪异，当时有一首佚名作者所作的诗，后被建筑师约翰·索恩（John Soane，1753—1837）在其《建筑讲座》一书中引用：

“亨利八世抛弃了教皇，任其彷徨，

他的议会让他统领所有的教堂。

可是乔治王的好子民，布卢姆斯伯里的好居民，

没让他当教会的头，却把他搁在教堂尖顶之上。”

正案》中就包含这一条。教会和国家的关系会在教堂的外观中有所反映，方式不一而足。捐资行为能够影响教会或国家的势力此消彼长或彼消此长。例如，威尼斯人用他们从君士坦丁堡掠夺来的材料建造并装饰了大部分的圣马可巴西利卡式大教堂，以此来傲视拜占庭帝国。同时，威尼斯人对这座巴西利卡式大教堂的重视也远胜于坐落于离岛之上的圣彼得天主教大教堂，以此宣布自己的城市独立于教皇及其任命的主教。国王威廉二世支持修建位于巴勒莫城外的蒙雷阿莱大教堂，原因之一就是想要获得一定程度的独立于教会势力的自主权力。亨利八世成为英国国教的首脑后，要求所有教堂都必须展示他的纹章而不是教皇的。17世纪末、18世纪初，不从国教运动在英国境内风生水起，对此情势的忧虑遂表现于新建圣公会教堂中，更为显著地表现于对一国之君兼教会首脑的效忠中。詹姆斯·吉布斯在建造圣马田教堂时，就让皇室徽章赫然显示在教堂正面的三角楣饰中（参见第7页）。霍克斯莫尔在布卢姆斯伯里修建圣乔治教堂时，更是在其尖顶上直接竖起了一尊英王本人的雕像。

I HAVE CALLED YOU
I WILL BE WITH YOU.

卷三

解密历史

基督教堂的艺术和建筑是逐步演变的，礼拜形式的改变常常会导致教堂风格或者结构的变化。例如，索尔兹伯里大教堂的主体部分几乎都是在1220年至1258年之间完成的，整个建筑浑然一体（见左图）。拱廊上的尖拱表明这是哥特式建筑，浅色墙面和深色波白克大理石廊柱形成反差，这也是典型的英格兰早期哥特式建筑的特点。该教堂原来是座天主教大教堂，供天主教徒崇拜之用，宗教改革后，进行了一些内部改造，以适应新教的要求。在18世纪的修缮工程中，中世纪的讲坛隔屏被移走，又100年后，吉尔斯·吉尔伯特·斯各特（Giles Gilbert Scott，1880—1960）在此重新装置了一个新哥特式讲坛隔屏。教堂不断有新的添置，包括竖立在西门左侧的18世纪新古典主义风格的纪念碑。2008年，威廉·派（William Pye）设计的洗礼盆被安放在本堂的正中央，就在北门廊内：洗礼盆的位置、功能和象征意义都相当传统，但它的形式却是全新的。本书的最后这一卷将考察这些变化，追溯教堂结构及布局的演变，探究艺术风格的更迭，而这一切均与礼拜仪式的变更及基督教自身的发展息息相关。

◀ 索尔兹伯里大教堂及其洗礼盆

威廉·派，2008年，索尔兹伯里，英格兰

威廉·派设计的洗礼盆很现代，又含有传统的象征意义，既适合新生儿的洗礼，也足够大到成人可以将身子全部浸没。洗礼盆呈十字形，四端指向东南西北四方，每一端都有水流不断流泻而出，令人思及从伊甸园流出的四条河流、流淌不歇的约旦河、四福音书作者、传播四方的基督教以及从无间断的神的恩典。

早期教堂

基督教初期的艺术和建筑已难考究，因为早期作品既少，且鲜有留存。基督教在头三个世纪是非法的，礼拜必须要秘密地进行，信众一般在本社区有些头脸的人家中集会。有一两座这样的“家庭教堂”保存下来了，但也不足以证明其他家庭教堂的建造和装饰全都相仿。基督教合法化后，教堂也总是在同一地址上不断拆建，因此基督教的持续兴盛反倒导致其历史痕迹的破坏。

所幸墓葬之地都保存下来了。古罗马时期，葬仪均须在城墙之外举行，逝者葬于地上墓穴或石棺中，只有少数地方石块还算松动，可以挖掘地下墓穴，进行地下安葬。起初基督徒和其他宗教的信徒混着埋葬，后来慢慢分开。地下墓穴不是礼拜场所（为逝者举行的一顿纪念性餐宴 refrigerium 除外），早期基督徒也不像人们以前以为的那样会躲藏在那里。不过，因为那些地方人迹罕至，更少有官吏前往，所以地下墓穴是最早装饰有基督教符号图案的地方之一——尤其常见的是取材自旧约故事的画面，比如“但以理置身狮穴”的故事，以此彰显神对其拣选的人民的保护。最早关于耶稣的图画都将他表现为一个好牧人，一只羊趴在他的肩头：这也是神看护其子民的表现。

◀ **卢奇娜的地下墓堂（The Crypts of Lucina）**

3 世纪中晚期，圣卡里斯托（San Callisto）的地下墓穴，罗马，意大利

卢奇娜的地下墓穴修建于 2 世纪末。这些丰富的装饰则开始于 3 世纪，包括“好牧人”耶稣画像（见下图），“但以理置身狮穴”，以及一些象征符号图案的早期表现，比如孔雀（参见 112 页）。这个房间是停柩室（cubiculum），是一个为了私人或者家族墓葬而修建的小房间。该词也被用来指代卧室，以此强调死亡只是一次长眠，在时间的尽头，身体还将苏醒。

△ 圣撒比纳堂（Santa Sabina）

425—432，罗马，意大利

这座教堂在16世纪末被改造，20世纪初再经修复，尽可能回到5世纪初它原来的样貌。圣撒比纳堂被认为是罗马最好的早期教堂之一。该教堂建造在一座朱诺神庙的原址之上，保留了神殿原有的24根大理石石柱，用作本堂的拱廊。古罗马人的建筑一般没有在石柱上再加圆拱的，却成了后来的罗曼式甚或更晚的建筑风格的一个寻常标志。圣撒比纳堂的拱廊显示，这是古罗马后期的一个创新。窗户的石膏窗格里嵌着非常薄的半透明云母片。

巴西利卡式教堂和圣殿

基督教合法化后，就可以建造礼拜之用的公共场所了。之前没有人建过教堂，但有几个现成样板可以参考，其中最重要的就是巴西利卡式会堂（basilica，源自希腊词basileus，意为“国王”）。这是一个长方形的会议厅或觐见室，可在此讨论法律、财务或其他事宜。主持事务的官员——行政长官甚或皇帝本人——坐在一端抬高的平台上，这个平台所处位置是凹进去的（或曰“后殿”），里面有时摆放皇帝的巨型雕像——皇帝在古罗马被视为人世间的神祇。屋顶通常由两排圆柱支撑，构造出一个中央大厅，两侧也留出了空间。很容易理解为什么教堂采用巴西利卡式会堂的形式：巨型雕像换成祭坛，弥撒仪式中那是神的所在，主持弥撒的祭司等神职人员能够就坐于半圆形后殿，一如当年古罗马的行政长官坐镇法庭。中央大厅变成教堂的本堂，两侧空间变成侧廊。建筑结构上没有根本区别，只是功能有了彻底改变。

🔺朱尼阿斯·巴瑟斯的石棺（Sarcophagus of Junius Bassus）
359，圣彼得大教堂的财库，罗马，意大利

该石棺雕刻的结构有如两层古典时期的建筑，每一层都有石柱支撑顶部。旧约与新约故事混杂排列，看不出有什么规律，因为当时尚未形成对圣经故事进行排序和对照的观念。上层从左到右依次为：亚伯拉罕献祭以撒，圣彼得被捕，基督授法（Traditio Legis，富有象征意义的场景，基督坐于圣彼得和圣保罗中间），基督被带到本丢·彼多拉面前（这一故事跨越两个场景）。下层从左到右依次为：约伯，亚当和夏娃，基督荣入圣城，但以理置身狮穴，圣保罗被捕。

古典时期的神庙也是早期教堂效仿的对象。神庙坐西朝东，朝阳从东门射入，照亮里面一座巨大的金色神像。早期教堂并非都是东向而建，不过东向的教堂里，祭坛也在东端，会众便能面对象征基督复活与神之光芒的旭日晨光。有些神庙就直接用来做了教堂——著名的有罗马的万神殿，以及西西里岛的锡拉库萨大教堂，二者都保留了原来建筑之大部分。一些早期基督徒的礼拜仪式在犹太会堂进行，皈依基督教的犹太人不可避免地将他们的习惯带入——比如在一个抬高的台子上诵读经文。

教堂的装饰也同样受到已有样板的影响。不同于神庙，早期基督教堂的外观通常都比较朴素无华。犹太人是不使用图像雕塑等来表现神的，可能是皈依基督教的罗马人，惯于见到对异教神祇的描绘，将这一套也引入了基督教堂——很有可能用的都是同一批工匠。“好牧人”形象在古典时期的文化中已是常见，但在基督教语境中则得到了不同的诠释。圣科斯坦莎陵墓内的马赛克装饰画亦是如此（参见右图），其画风与内容在别处都有可能被视为异教。彼时尚未发展出特定的“基督教”风格的绘画或雕塑。朱尼阿斯·巴瑟斯石棺上雕刻的内容（参见上图）全都来自新约和旧约，但其建筑框架和风格无疑还是罗马帝国的。大部分早期教堂就建在先前用作教堂的民宅处，比如圣撒比纳堂很可能得名于教堂原址的民宅女主人撒比纳；或是著名的圣地，比如圣彼得巴西利卡式教堂是为君士坦丁大帝建造的，就建在使徒圣彼得的墓穴之上，而朱尼阿斯·巴瑟斯则葬在其地下，以求靠近圣徒。另一座君士坦丁时期的巴西利卡式教堂建在圣阿格尼斯的地下墓穴之上，君士坦丁大帝的女儿康斯坦西雅亦将自己的陵寝建在其侧（参见 107 页和 113 页）。还有一些早期教堂建在标志基督生平事迹的圣地之上：基督诞生、基督被钉十字架、圣墓等等。

为何基督教看似滥觞于罗马？有两个主要原因。日后称帝的提图斯（Titus，41—81）带领罗马人于 70 年洗劫耶路撒冷的圣殿后，大批犹太教徒和基督教徒流离失所，基督教的重心转移至别处。后来，君士坦丁大帝于 313 年宣布基督教合法，380 年狄奥多西定基督教为国教。只有罗马人才有钱来修建教堂，不过此时，罗马的权力中心已东移至拜占庭。

采收和踩踏葡萄的马赛克镶嵌画

约 350，圣科斯坦莎陵墓，罗马，意大利

乍一看，这是典型的采收和踩踏葡萄的异教场景，有几个人物甚至表现出酒神的精力充沛和如痴如狂。不过因为此画是在原为陵墓的一座教堂中，便成了强调圣餐仪式中葡萄酒的重要意义，以及葡萄在基督教中的象征意义。

拜占庭与东方

君士坦丁大帝何时及因何皈依基督教，长久以来众说纷纭。教会的传统说法是：君士坦丁大帝在312年的米尔维安大桥战役（Battle of Milvian Bridge）中打败了马克森提乌斯（Maxentius），他之得胜归功于他在战争中使用了他于战前一晚梦见的凯乐符号，此役之后他便成了基督徒，但直到337年临终之时才接受洗礼。这在当时倒是寻常之事——临终之前受洗，也就没有时间来犯下任何罪行了，于是把洗礼留到生命的最后一刻似乎是确保灵魂进入天堂的最稳妥的办法。君士坦丁大帝生前在罗马以及圣地建造了不计其数的巴西利卡式教堂，他还主持了325年的尼西亚主教大会，此会之召开是为解决教会内部一些重要的纷争。但是当他把罗马帝国的中心迁移到君士坦丁堡（拜占庭）时，他所建的城市更具帝国色彩而非基督教特征。东迁的确切原因至今仍不明了，“君士坦丁的赠礼”（后证明为8世纪的伪造品，参见127页）倒是暗含了一层意思：君士坦丁认为自己不该和教皇同处一地进行统治，但我们知道实际情况并非如此。鉴于帝国已向东方大大扩张，皇帝定然想要有个新的起点，一个不仅远离衰落的罗马、而且更具战略意义的地方。直到360年，在他儿子君士坦丁二世治内，圣索菲亚大教堂（或称“神圣智慧教堂”）才完工，而后又毁于404年暴乱中的大火。415年重建的教堂完工，532年再次被烧毁。查士丁尼皇帝从头再来。据称在5年后的献堂礼中，

◀ 圣索菲亚大教堂（Hagia Sophia）

米利都的伊西多尔和特拉勒斯的安提莫斯（Isodoros of Miletos and Anthemios of Tralles），532—537，伊斯坦布尔，土耳其

圣索菲亚大教堂历经沧桑。穹顶于548年坍塌，4年后重建，此后又重建了两次。教堂的大部分装饰在圣像破坏运动期间被粉刷掩盖或改易。1453年君士坦丁堡陷落后，被改建成清真寺。现在它是一个博物馆，还保留着它原初的恢宏雄壮，虽则不如它全盛时期那般富丽辉煌。

▶ 圣马可巴西利卡式教堂

12世纪—16世纪，威尼斯，意大利

威尼斯的圣马可巴西利卡式教堂灵感来自君士坦丁堡的圣使徒教堂（Church of the Holy Apostles），后者毁于1461年，被一座清真寺取代。建造圣马可巴西利卡式教堂时雇佣的是来自拜占庭的工匠，他们给整座建筑的上半部分所有的墙面都装饰了马赛克镶嵌画，让我们得以一窥圣索菲亚大教堂原初的富丽华美。这座教堂原本应当也同样璀璨亮堂的，只是在14世纪到16世纪，许多窗户被填实且覆以更多的马赛克镶嵌画。中央穹顶（如本图）描绘了“基督升天”的场景：基督坐在一个由众天使抬着的蓝色圆环中——这代表天堂，使徒们环绕一圈，各个仰视天宇，手搭凉棚以遮挡耀目的阳光。

CIVES GALILEI
QODNEQVENA
SCS
TVRALITERNENT
LVCA
FIGVRAS
MRC
NECVTRINO
SCS
DEUS SABAOTH

查士丁尼高呼：“所罗门，吾胜汝！”可见新教堂比耶路撒冷的圣殿更加宏伟壮观。虽然今天我们看到的中央穹顶已非原来那个，但气势大概是差不多的。原来的穹顶曾被比附为浮于厚土之上的天堂之景，这是由众多的窗户营造出的效果，道道光芒倾泻而入，马赛克镶嵌画也因之而熠熠发光。中央穹顶的效果如此之好，以至于此后几乎所有的东方教堂都模仿它。

“浮于厚土之上的天堂之景”成为恒久的装饰理念，穹顶愈来愈高，天堂景象的题材也愈来愈多。例如，穹顶常常描绘有“全能者”（Pantocrator）基督形象，而后是“圣母和圣婴”，其下是较高地位的圣徒，往下还有更多圣徒。圣阿波利纳雷教堂（参见 140 页—141 页）和蒙雷阿莱大教堂（参见 152 页—153 页）的半圆形后殿的马赛克镶嵌画中都可以看到这种格局的安排。

查士丁尼大帝及其朝臣

约 547，圣维塔莱教堂，拉文纳，意大利

查士丁尼大帝站在中间，身着紫色皇袍。他身边是马克西米安(Maximian,他的名字镶嵌在其头顶)，是负责教堂完工的主教，他的主教座椅是查士丁尼大帝的赐礼，就在本幅马赛克镶嵌画右侧的半圆形后殿内（参见 58 页）。最左边的士兵手里拿着的盾牌上装饰着凯乐符号，这是最早的基督教象征符号之一(参见 119 页)。

西奥多圣诗集（The Theodore Psalter）

西奥多，1066，大英图书馆，伦敦，英国

这册圣诗集手抄本出自西奥多之手，他是君士坦丁堡的圣约翰•斯图迪奥修道院（monastery of St John Stoudios）的修道士。图中左侧空白处，是其主保圣徒圣西奥多（St Theodore）和大主教尼基弗鲁斯（Nikephoros），二人同持一面基督圣像。底下一行人中也有他们俩，在与反对圣像崇拜的狄奥斐洛皇帝（Theophilus）理论。皇帝于842年驾崩后，尚在襁褓中的米哈伊尔三世（Michael Ⅲ）继位，皇后全面恢复圣像崇拜，从而有了“正教的胜利”。右下角有三个圣像破坏者在刷去圣像，他们出现在这里是作为经文中所提及的“恶人”的范例：“我没有和虚谎人同坐，也不与瞒哄人同群；我恨恶恶人的会，必不与恶人同坐。”（《诗篇》26:4—5）

圣像及“正教的胜利”

14世纪下半叶，大英博物馆，伦敦，英国

自843年以降，每年四旬斋的第一个主日都要庆祝“正教的胜利”。图中这幅圣像为约5个世纪之后所绘制，其中包含一幅著名的“赫得戈利亚圣母像”（hodegetria）：圣母怀抱圣婴，右手指他，表示这是我们的救主。人们曾经相信这幅赫得戈利亚圣母像为圣路加亲手所绘。西奥多拉皇后（Empress Theodora）及其幼子米哈伊尔三世身着红袍，站于左侧，是他们二人带来了“正教的胜利”。

圣像破坏运动（The Iconoclast Controversy）

“圣像破坏”（iconoclasm）一词源自希腊词汇，意为“捣毁图像”。教会早已认可使用图画来讲述故事的做法，好让人们熟悉故事，明晓事理，敬重圣人。圣巴西略（St Basil the Great，约329–379）有言：人应当敬重圣像，因为“赋予圣像的荣耀会传达至其原型”。尽管如此，敬重圣像因为圣像是应当崇拜的神的再现，以及可归于偶像崇拜之类的对圣像本身的崇拜，二者之间的界线向来很微妙。而大众往往分不清二者的界线，对图像的滥用、误用也到了令人担忧的地步。比如，用圣徒画像来装饰餐盘以祝福食物，佩戴有圣徒肖像的饰物做护身符，甚至还有把画了圣徒肖像的石膏当药吃的事例。此外，632年穆罕默德去世后，伊斯兰教发展迅猛，也被阐释为神对拜占庭人的惩罚。穆斯林严守十诫之第二诫（即“不可为自己雕刻偶像，也不可做什么形像仿佛上天、下地和地底下、水中的百物”），不使用任何视觉形象，而基督徒们认为神之所以不悦，就是因为基督徒使用了视觉形象。利奥三世皇帝遂下令清除圣像及一应绘画雕塑。于是许多绘画雕塑和圣像被捣毁、粉刷或者用十字架等图形符号取代。虽然支持使用圣像者还大有人在，但726年至843年间的圣像破坏运动依然大大摧毁了拜占庭的早期艺术。直到米哈伊尔三世即位后，为幼子摄政的西奥多拉皇后终于重新恢复圣像的使用，并且于843年宣布圣像为真正信仰之精华。

圣阿波利纳雷教堂（Sant Apollinare in Classe）

约 549，半圆形后殿的马赛克镶嵌画，以及 670 年代，凯旋式拱门上的马赛克镶嵌画，拉文纳，意大利

“耶稣显荣”发生在耶稣带着门徒彼得、雅各和约翰上山顶，突然他们看到耶稣“变了形像，脸面明亮如日头，衣裳洁白如光”，还同摩西、以利亚说话。这座有描绘“耶稣显荣”的马赛克镶嵌画的巴西利卡式教堂建在拉文纳最初的海港克拉斯（Classe），但后来为了免遭海盗侵扰，教堂主保圣徒的遗骨被迁至城里的教堂，这座巴西利卡式教堂的地位也随之式微。

1. 天空中的两个人物被标识为“摩西”和“以利亚”——这是将此幅程式化的马赛克镶嵌画阐释为“耶稣显荣”的关键所在。

2. 此处耶稣没有被表现为“衣裳洁白如光”，而是“变形”成了一个十字架。星辰满布的蓝色圆为天穹，亦是神所创造的整个世界，在别处的马赛克镶嵌画中可见耶稣荣登宝座、君临天下的画面。

3. 十字架下方的三只羊代表彼得、雅各和约翰，是陪伴耶稣上山并且见证他显荣的三位使徒。

4. 在耶稣显荣的过程中，有声音从云彩里出来说：“这是我的爱子，我所喜悦的。”顶上有神赐福的手显现。

5. 圣阿波利纳雷，该教堂以及拉文纳的主教和主保圣徒，就在十字架的正下方，他双臂伸展、手心向上做祈祷状。他的画像正下方就是主教座椅，而从教堂中会众的方位看去，该画像就在圣徒遗骨的正上方。

6. 阿波利纳雷两侧各六只羊，使之看上去有如耶稣与十二使徒，也让我们意识到，主教是神所拣选的派在人世间的代表，代替耶稣牧养羊群。

7. 阿波利纳雷之下是继他之后的四位拉文纳主教，现任则坐在下面。这就是“使徒统绪”（Apostolic succession）的概念：主教在世间的权威源自最初的使徒。

8. “全能者”基督画像，两侧是四福音书作者的象征物，这部分是 7 世纪后期添加的。

9. 更多的羊，依旧代表十二使徒，从两侧分别代表伯利恒和耶路撒冷的风格化建筑中出来，走向基督。这部分与上面的“全能者”基督画像为同一时期作品。

10. 祭坛的建造比上面这些马赛克镶嵌画更晚近些，半圆形后殿的地面被抬高，有台阶通到上面，这些都是 7 世纪后期所为，好让人们能够下到地下墓室，拜谒圣阿波利纳雷的遗骨。

11. 《启示录》提及的四神兽中，鹰被分配给圣约翰，因为鹰最擅飞翔，能飞至天堂，聆听神的道，而《约翰福音》开篇讨论的就是神的道。

12. 这个长着翅膀的人或天使，最宜于作为圣马太的象征，因为《马太福音》开篇即罗列耶稣基督的家谱——耶稣之前所有的人。

13. 《马可福音》开篇为施洗约翰的故事：“在旷野有人声喊着说。”狮吼嘹亮，因而带翼雄狮成为圣马可的象征。

14. 《路加福音》的开篇场景是圣殿，而圣殿中常供奉着作为牺牲的公牛。带翼公牛因而成为圣路加最合适的象征。

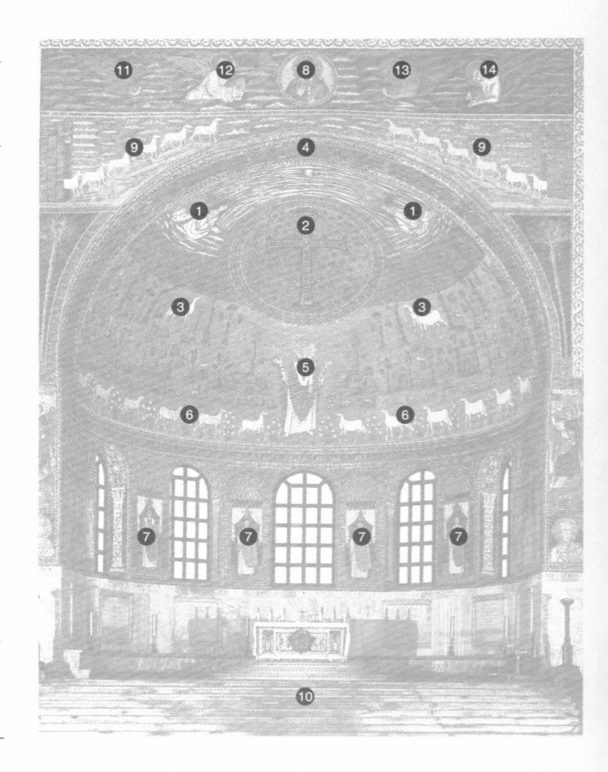

+SANCTVS
APOLENARIS

西方帝国的振兴

527年查士丁尼大帝登基之时，西罗马帝国已衰落。410年西哥特人阿拉里克（Visigoth Alaric）率军攻陷罗马，476年最后一位西罗马皇帝罗慕洛·奥古斯都（Romulus Augustulus）被废黜。查士丁尼着手收复失地，在长胜将军贝利萨留（Belisarius）的帮助下，地中海沿岸大部分领土再入囊中。收复领土中不可小觑的城市之一便是位于意大利半岛东海岸的拉文纳。一段时期的富裕和相对稳定促成了其艺术的繁荣，新的建筑拔地而起，皇帝的功勋得到颂扬。圣维塔莱教堂和圣阿波利纳雷教堂便是其中之二，两座教堂都装饰着富丽精美的马赛克镶嵌画。圣维塔莱教堂内至圣所两侧的马赛克镶嵌画中便有查士丁尼大帝和皇后狄奥多拉向祭坛献礼的画面，虽然实际上二人从未踏足过拉文纳。这些马赛克镶嵌画

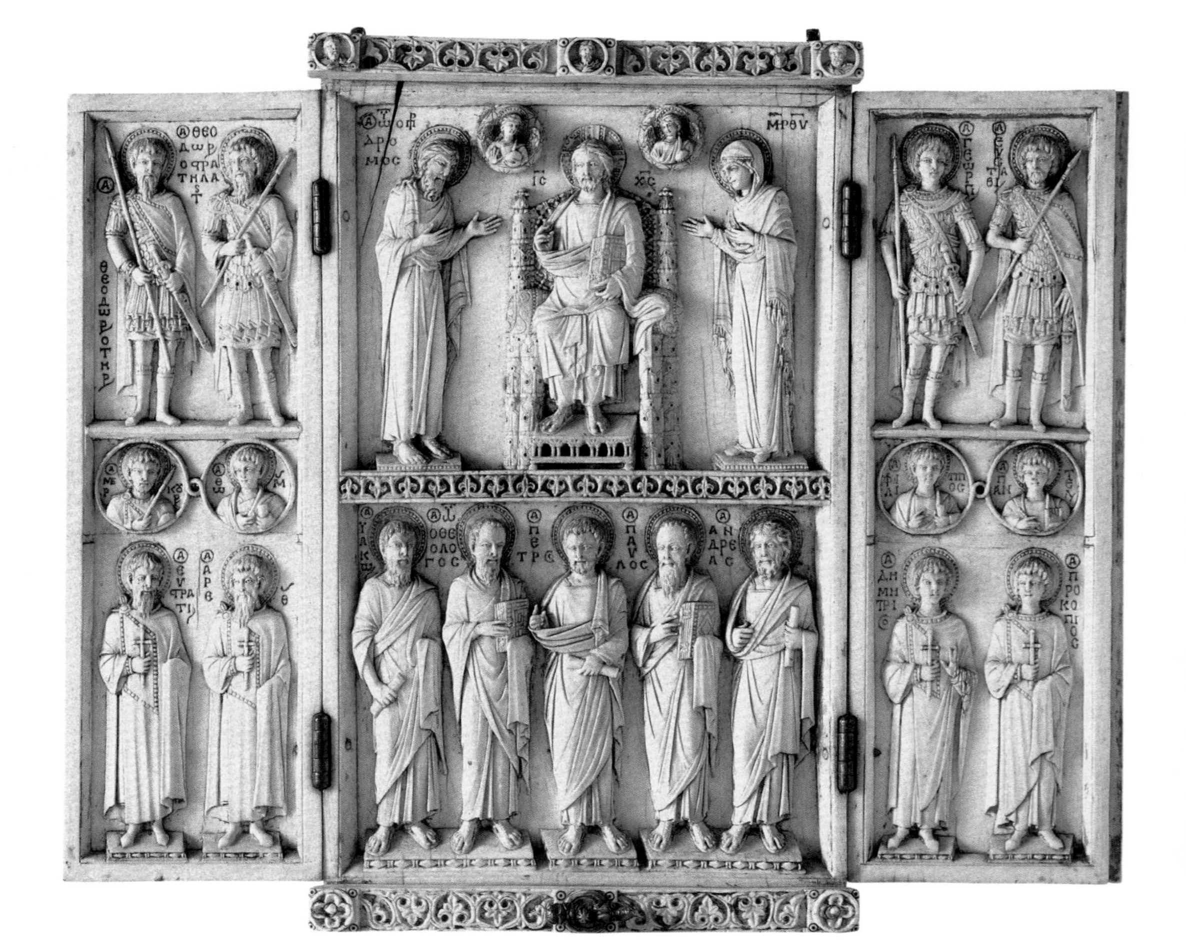

▼ 哈巴维拉三连浮雕（Harbaville Triptych）

10世纪，卢浮宫，巴黎，法国

哈巴维拉三连浮雕为象牙质地，异常精美，足为典范。中间面板上部是基督（Deisis）坐于宝座，两侧分立圣母（Theotokos）和施洗约翰（Prodromos），此二人在为人民向基督呈情请愿。

▶ 圣障（Iconostasis）

1537，摩尔多维察修道院（Moldovita Monastery），苏恰瓦（Suceava），罗马尼亚

早期的拜占庭教堂，本堂（naos）和至圣所（bema）仅用一道矮栅栏隔开，因而会众中的非神职人员也能充分参与圣餐仪式。后来，这道栅栏被一种叫作“圣屏”（templon）的屏障取代。“圣屏”较之前的栅栏要高，由一排柱子与其上的柱顶过梁构成，因而显得更通透。再后来，柱与柱之间的空间慢慢挂满了圣像，柱顶过梁以及顶上都摆上了画像。到 13 世纪时，这类“圣障”达到其顶峰。“圣障”的演变过程也意味着神职人员在礼拜仪式中的活动逐渐与会众隔离，也让人们越来越意识到，作为“圣中之圣”的至圣所是非神职人员莫入的，只有当礼拜仪式中某些特定时刻，中央那扇“美丽的大门”开启之时，会众才能够得以一窥其内，且只有神职人员才有权使用那些门。通常北门为入口，南门为出口，二门被称为“助祭门”或“天使门”。“圣障”看似一道作为区隔的屏障，却常常被诠释为本堂与至圣所——因而也是人世与天堂——的连接，其上的圣像引领我们从俗界至圣地，从人世通天堂。

与早期基督教的马赛克镶嵌画之间的区别一目了然。拉文纳的马赛克镶嵌画不那么写实，而是运用更大胆、更简单的色彩，以及拉长的比例。人物更加程式化，四肢僵直生硬——比如，查士丁尼及其随从们的脚似乎不是着地的（参见 138 页插图）。为何采取如此程式化的表现，原因尚不清楚，但有两点是肯定的：这样的画面即便从远处也能看清楚，还有就是让我们意识到其非真实性。这很重要，因为当时仍然存在对教堂中能否使用画像和雕塑的疑虑，激辩持续不断，最终导致 8 世纪—9 世纪的圣像破坏运动（参见 139 页）。也许就是因为这个原因，圣阿波利纳雷教堂的半圆形后殿中的马赛克镶嵌画不仅是程式化，甚至是抽象化的：乍一看似乎是幅风景画，画中的羊群仰望十字架，须得跟意涵更明显的图画相对照，才能看出此画的主题也是“耶稣显荣”。

圣像破坏之浩劫

圣阿波利纳雷教堂的马赛克镶嵌画创造于 6 世纪中期，一个半世纪之后才爆发第一轮的圣像破坏运动，而且该教堂距君士坦丁堡甚远，因而幸免于难。贯穿整个 8 世纪下半叶和 9 世

圣安东尼修道院（Monastery of St Anthony）
4世纪，红海山脉，埃及

许多基督教词汇均有其希腊词源，“monk”（修道士）一词源自希腊词“monachos”，意为“独身”或“离群索居”。早在3世纪时便有基督徒远离俗世尘嚣，离群索居，独自祈祷与默想。先驱者之一便是圣安东尼，据说他自285年始便生活在埃及的沙漠里，孤身抵挡肉体的诱惑（参见98页和120页—123页）。不过这样的隐士不在少数，他们大多为了逃避定基督教为非法的罗马帝国的迫害而远离“文明”。圣安东尼更进一步，为隐修之士制定了一套生活准则，将这些人聚到一起，在生活上互相支持，共同抵挡外来威胁。上图中的圣安东尼修道院始建于安东尼逝世后不久的356年，是现今还在使用的世界上最古老的修道院，不过大部分建筑和装饰为后来添加。

纪初，各处的壁画和马赛克镶嵌画均遭销毁、改易或覆盖（参见139页），结果拉文纳这些漏网之鱼的作品成为拜占庭辉煌成就的最佳代表。“正教的胜利”之后，又创造了许许多多的新作品，然而1453年君士坦丁堡被奥斯曼帝国攻占，教堂被摧毁或变成清真寺，拜占庭艺术再次遭重创。

东西教会大分裂

此时东西教会已然分道扬镳。然而之前的分离过程却是征途漫漫：教皇利奥三世于800年加冕查理曼为罗马皇帝，借此让自己抽离东方教会的势力，而最终的决裂既是神学教义之争，也是政治权力较量的结果。东西教会各自发展出不同的礼拜仪式，大公会议的普世性也越来越少。

东西教会大分裂发生于1054年，部分原因是关于圣灵的争议。《尼西亚信经》宣称圣灵源自圣父，耶稣亦有言认可这一点。1014年，西方教会为此信条添加了filioque一词，即“和圣子”。于是，东方教会相信圣灵源自圣父，而西方教会相信圣灵源自圣父和圣子。看似只是细枝末节的小问题，却引起了轩然大波。毕竟触及到神的性质这个根本的信仰问题，潜伏了好几个世纪的不和终于找到一个方便的借口来各奔东西。引发决裂的最后一根稻草是教皇权威之争：1054年，教皇派出一名特使到君士坦丁堡见牧首，结果二人互相将对方逐出教会。一个半世纪后，威尼斯人洗劫君士坦丁堡，原本可能愈合的伤口再遭割裂。

东正教会虽然也在不断发展变化，但不如西方教会那般“历经沧桑”。西方教会经历了文艺复兴时期的人文主义，然后是宗教改革运动和反宗教改革运动，在这个过程中分裂成许许多多的教派。近年来，东正教会也有了一些现代化的变革，虽然圣像依旧如843年时一样重要，大多数教堂依旧还有“圣障”，其形式与13世纪时并无差别。

▼ 苏切维察修道院（Sucevita Monastery）

1581—1596，布科维纳（Bukovina），罗马尼亚

由圣安东尼创始的修道院传统源远流长。苏切维察修道院始建于1581年，1584年举行献堂礼，敬献给Koimesis（东正教术语：“沉睡的圣母”）。布科维纳有一群这样出色的彩绘修道院，而苏切维察修道院是最后的一座，也被认为是最好的一座。建筑内外的装饰均完成于1595至1596年间，不仅绘制精美，而且固若金汤：照片中的左下角和右下角都能看到防御墙，有了此墙的守护，这些美轮美奂的彩绘才得以完好无损，留存至今。修道院制度当然不只是东方教会的传统：6世纪，努西亚的圣本笃（Benedict of Nursia，480—547）写就《本笃会规》，成为西方修道院制度之圭臬。

罗曼式

“罗曼式”这一术语于19世纪被引入法国，用以描述6世纪至13世纪的欧洲建筑，认为这些建筑是沿袭古罗马风格的，实则不然。这一名称具有欺骗性，因为这一时期的艺术和建筑整体而言并非直接源自古典时期之艺术与建筑，不过不失为一个方便的术语。最明显的“古罗马”特征是半圆形拱门的使用，拱门之下是圆柱（有的还带基座与柱头），或是由嵌入墙内半露在外的方形壁柱和半圆柱构成的拱座（用以区隔建筑之不同单元或格间的方石砌体），但这些建筑样式并非直接源自古典时期之建筑。今天，我们认为罗曼式的鼎盛时期自10世纪始，虽说它与更早时候（前罗曼式）的建筑形式并没有本质的差异。

加洛林王朝和奥托王朝的影响

“前罗曼式”时期分为加洛林时期（Carolingian，法兰克王朝，768—814在位的查理曼大帝即属于此王朝）和奥托时期（Ottonian，962—973在位的奥托大帝是日耳曼国王中最强大的一位）。虽然查理曼曾被加冕为“神圣罗马皇帝”，但神圣罗马帝国之实力与威势却是由奥托于962年得到教皇加冕后奠定的。这些统治者和军事首领同时也得到教会的认可，这对当时的建筑发展有着深远的影响。他们不仅建造了许多大型军事堡垒，修建的教堂也致力于彰显施主的雄威。因而这些建筑往往庞大且牢固，塔楼高耸，城墙厚实。

◀ 南门

12世纪早期，圣玛利亚和圣大卫教区教堂，基尔佩克（Kilpeck），英格兰

此门的建筑形式是典型的罗曼式，有复合柱式和雕刻繁复的宽大拱门，但其装饰细节不同于杜伦大教堂内的简单几何图案（参见右图）。这里可见浓厚的维京和凯尔特文化的影响：外侧圆柱上雕刻着首尾相衔的蛇，象征绵延不绝的生死轮回——该主题呼应着右边内侧圆柱上所刻的“绿巨人”（亦参见116页—117页）、圆柱上的叶子以及拱券和拉梁之间的弧形部分中雕刻的生命之树。双拱之内刻的是一些神兽。

▶ 杜伦大教堂

1093始，杜伦，英格兰

杜伦大教堂的主体建筑完成于40年间，至今仍是英格兰保存最完好的罗曼式天主教大教堂。阔大的圆形拱座，上有醒目的几何装饰图案和夯实的柱头，相间着由几个半圆柱围拢组合而成的复合拱座，是那一时期的典型。此处可见的玫瑰花窗是13世纪添加的哥特式小教堂的一部分，该小教堂是为前来朝拜圣卡斯伯特（St Cuthbert，634—687）神龛的朝圣者而建造的。

巴拉丁礼拜堂（Palatine Chapel）

梅兹的奥多（Odo of Metz，743—814），792—805，亚琛大教堂（Aachen Cathedral），亚琛，德国

查理曼在受封“神圣罗马皇帝”之前，就构想了这样一个礼拜堂作为他在亚琛的行宫，这也是他设想的“古典复兴”的一部分。787 年，他第一次去了拉文纳，此后又去了两次，很可能从那里获取了这个礼拜堂的大部分建筑材料（包括圆柱）以及设计灵感。八边形的中央空间，巨大的圆拱，由八根粗壮的方形拱座以及一些纤细一点的圆柱支撑，这些都是借鉴由拜占庭的查士丁尼大帝建造的圣维塔莱教堂（参见 138 页）。原来的几何图案被简化，并且添加了一个坚实庞大的入口，这个入口被称为“西面塔堂”（westwork）。这大概是加洛林王朝建筑最重要的创新了：此后许多建筑都效仿它，比如林肯大教堂西端令人震撼的外立面（参见 14 页图），以及伦敦圣保罗大教堂的西立面（参见 197 页图）。

如此这般也是一种保卫措施：因为建筑规模庞大，石匠们便会格外小心，这意味着圆柱和拱座常常比实际需要的更为粗壮，墙壁也比所需的更为厚实，而且为了不削弱墙壁的坚实，窗户都开得相对较小。加之当时玻璃稀缺，很少有窗户能用上玻璃，因而窗口开小点也可以保护室内免遭风雨侵袭。

所谓的“罗曼式”部分源自这些加洛林王朝和奥托王朝的建筑，而这些建筑又是从拜占庭艺术和建筑中汲取了灵感——比如，查理曼大帝建于亚琛的巴拉丁礼拜堂便是受拉文纳的圣维塔莱教堂的启发。不过，罗曼式也对各地传统兼收并蓄，不断发展，以至风行欧洲。这既得益于欧洲财富的增加，也顺应了整个社会不断增强的虔敬之心——后者部分受了伊斯兰教的发展壮大的刺激，而二者最终导致 1095 年第一次十字军东征的宣誓。

修道士、圣徒和朝圣者

修道院越来越富有，因而也越来越有权势，无数新建的修道院遍布欧洲大陆，这也是罗曼式得以广为传播的主要原因之一。还有一个非常重要的因素就是出现了对圣徒的热诚敬礼，以及由此发展起来的朝圣。每一座祭坛都必须保存一位圣徒的遗物，这位圣徒越是重要，前来朝圣的人就会越多，教堂的收入也就越丰厚。教堂不仅能够因此建造得更雄伟更壮丽，建筑结构也会因此受到影响。早在670年代，圣阿波利纳雷教堂（参见140页—141页）的半圆形后殿的地板就被抬高，以便于朝圣者能够下到祭坛下面的地下墓室中去，朝拜放置在那里的圣徒遗物。许多教堂的长老席也是抬高的，便于人们朝拜祭坛下面的圣墓。坎特伯雷大教堂就是这样的情况，尽管后来圣托马斯·贝克特的遗物被移走了。捷克南部的特热比奇的圣普罗科皮乌斯大教堂（参见54页）的地下墓穴最初的功能大抵也如此。有些教堂会绕半圆形后殿背后建一个带屋顶的半圆形回廊（ambulatory），好让朝圣者能更接近至圣所。沙特尔大教堂的半圆形后殿外也有这样的回廊，在飞扶壁底下（参见19页）。诺威治大教堂的主教座椅后也有回廊——这是北欧唯一一处还在原来位置的回廊（参见125页）。

木板教堂（Stave Church）

12世纪末，博尔贡（Borgund），挪威

这座木制教堂的结构很有节奏感，从地面一层开始，每一层都环绕有一道开放的走廊，廊上有斜屋顶，每层走廊的每侧中间都有一个门廊，每个门廊上都有非常陡斜的屋顶。

当地教堂建筑的传统

虽说欧洲建筑风格的变迁有大的潮流方向可循，但不同文化更多还是受当地传统的影响。在英格兰，诺曼入侵之前的盎格鲁－撒克逊建筑就是一个例子；第二个例子是基尔佩克教堂南门折射出的多种影响（参见146页插图）。还有一例便是蒙雷阿莱大教堂，其本堂是早期基督教堂的巴西利卡式结构，而东端有三个半圆形后殿，这是典型的东正教建筑结构（中央后殿参见148页—149页）。不过最突出的例子是斯堪的纳维亚半岛的木板教堂，全部用木头建造，只有地基是石头的。此教堂基本构造非常简单：就是由梁与柱搭起的框架（这一架构称为“抬梁式”，在早期建筑中很常见，比如巨石阵和希腊神庙）。“柱”在挪威语里对应的词是“stafr”，因而这类教堂得名“stave church”。然后在框架中间填上垂直木板，屋顶铺上木瓦。基本结构是一个长方形本堂，带一个正方形唱诗班区。不过有些教堂——比如右图中的博尔贡教堂——有挑高的屋顶，中央部分还环绕一圈回廊，从屋顶便能看出不同区域的分别。装饰则通常衍生自基督教之前的传统，比如博尔贡教堂顶部的维京尖顶饰，教堂内甚至还有古代北欧卢恩符文的铭文。大多数保存下来的木板教堂都在挪威，最早的可追溯到12世纪。虽然现存数目只有28座，但曾经可能有2000座之众。木制建筑就是如此，难以避免火灾与潮湿的损坏。

比萨大教堂就是典型的罗曼式建筑，洗礼堂、主教座堂和钟楼三座建筑的窗户都很小，有圆拱拱廊和圆拱下连着墙的假拱廊。这些形式简洁、线条粗放的建筑本身也很典型，并且洗礼堂是与教堂分开的（这是继承自基督教最早时期的做法，当时新皈依的教徒在受洗之前是不能进入教堂的，因此许多教堂建有与之相连甚或完全分离的洗礼堂）。因为担心洗礼仪式不正式，一些城市严格规定只有主教才能施行洗礼。比萨的洗礼堂如此之大，说明当时城里的每个人都可能是在此受洗的。

罗曼式建筑体量浑厚、气势恢宏，雕塑也呈现此种特征，比如塑像通常显得硕大、粗犷、圆浑，貌似非常简单，实则有着复杂的叙事技巧（参见 24 页）。然而早期的基督教堂外观是比较朴素的，此后慢慢添加了装饰，常见的装饰是西大门上方的“最后的审判”，比如法国孔克的圣福瓦教堂（参见右图）。意大利城市费拉拉的圣乔治大教堂西大门上方的拱楣内描绘的是圣乔治，因为该教堂供奉着圣乔治的圣骨遗物，但后来又在正立面的更高处添置了“最后的审判”的雕塑。

罗曼式教堂通常有大量的体格硕大的建筑装饰，比如其拱座，或是由多根圆柱组合而成，或是装饰着粗线条的几何雕刻图案。这些装饰通常使用相同的几何图案，原来可能都是色彩鲜明的。色彩也运用在当时制作的彩绘玻璃上，不过很少有罗曼式时期的玻璃留存下来。有一些壁画和天顶画竟然也历经岁月沧桑而保存下来了，实在令人惊叹（参见 30 页—31 页以及 35 页）。不过人们对马赛克镶嵌画似乎更感兴趣，这些装饰也得到了更好的保存，尤其是在比如威尼斯和西西里岛那样一些与东方教会有着非常紧密联系的文化艺术中心

柱头的装饰

当建造罗曼式教堂的石匠们不再拘泥于古典传统的形式，而且对其他传统也兼收并蓄，他们开始充分发掘不同石材和建筑部位的潜质。他们的重要创新之一便是运用柱头来讲故事，或为警示，或以愉人，从圣经故事到动物寓言，从怪诞不经到庄严凝重——最后一项的最佳例子是126页插图所示的柱头，堪称微型杰作，表现的是威廉二世在天使的帮助下，将蒙雷阿莱大教堂敬献给圣母和圣婴。

▼ 东方三王的梦和犹大的自杀

吉斯勒贝尔（Gisilbertus），约 1130—1146，圣拉撒路大教堂（St Lazarus' Cathedral），欧坦（Autun），法国

欧坦的大教堂内存放着拉撒路的遗体，供人朝圣。根据传说，拉撒路与姐妹玛丽和玛莎一起航行穿越地中海之后，在此地殉道。西门上方拱楣中的“最后的审判”雕刻有吉斯勒贝尔的签名，教堂中许多精彩的柱头雕刻也都是他的作品，其中包括下面两个柱头：一个描绘了一幅美妙的图景——东方三王躺在一张床上，梦中被告知要跟随一颗星星；另一个则与之相反，是一幅悲惨的写照——在两个窃笑的恶魔协助下，犹大自杀了。

“最后的审判”

12 世纪，圣福瓦修道院教堂，孔克，法国

世界末日，基督端坐进行审判。他高抬右手欢迎有福者进入天堂，低垂左手将罪人贬入地狱。此拱楣结构明晰，用几条刻有相关铭文的水平装饰带将整个浮雕分成三层。左下角是有福者安坐于天堂的罗曼式拱廊中，而右下角则是痛苦、混乱的地狱场景。

（参见 137 页和 153 页）。罗曼式在北欧的发展，部分归因于教会的势力，也大大得益于诺曼王朝的雄威。1066 年诺曼人入侵英格兰，诺曼底公爵“征服者”威廉带去了罗曼式建筑。他在英格兰不仅修建了像伦敦塔这类用于防御的建筑，还主持建造了大量的教堂。英国的许多天主教大教堂都始建于这个时期，比如诺威治大教堂、伊利大教堂（Ely）、彼得伯勒大教堂（Peterborough）、格洛斯特大教堂（Gloucester），以及最著名的杜伦大教堂，这些大教堂全都有阔大厚重的罗曼式本堂——在英国，这种风格传统上称为“诺曼式”。诺曼王朝还将罗曼式推广到了欧洲南部，因为在 1061 年到 1091 年间，在罗伯特和罗杰・德・豪特维尔（d'Hauteville）兄弟的统率下，诺曼人从穆斯林统治者手里夺取了西西里岛，因而在西西里的罗曼式建筑中还包含着华丽的伊斯兰装饰。他们之后有一位继位者是威廉二世，他于 1174 年建造了蒙雷阿莱大教堂，3 年后他迎娶金雀花王朝第一位国王亨利二世的女儿琼（Joan）。因为她是“征服者”威廉的后代，就这样，诺曼王朝的两个分支联合起来了。

蒙雷阿莱大教堂（Monreale Cathedral）

约 1180 年，蒙雷阿莱，西西里岛

西西里国王威廉二世于 1174 年之前建了这座教堂，1182 年将这座大教堂敬献给圣母玛利亚。1177 年，威廉迎娶英格兰国王亨利二世的女儿琼。7 年前，亨利派人谋杀了托马斯·贝克特。贝克特殉难后被封圣，不过几年时间，这座教堂中已有他的画像，而且从威廉的御座上望去尤为清晰，足可以督促威廉为其岳丈祈祷神宽宥其罪行，并且提醒他作为君王的责任。

1. 此处的耶稣基督形象不再是没有胡须的好牧人，头部两侧分别标有“IC”和“XC”，“全能者”一词也从左边延伸到右边。

2. 经文“我是世界之光”的拉丁文和希腊文，反映出西西里岛当时的双重文化。

3. 圣母和圣婴坐在宝座上，两侧站着大天使米迦勒和加百列，就在全能者基督之下——耶稣道成肉身后离尘世的我们更近了。玛利亚身着帝王的紫衣。

4. 圣彼得的衣服是黄、蓝两色，灰白短发，留有胡须：这在意大利成为标准的圣彼得形象。

5. 圣保罗的标准肖像是一部黑色长须，头上已呈谢顶之势。

6. 使徒之下是祭司、主教和修道院圣徒。这幅肖像标注为“圣托马斯·贝克特”，是这位英格兰圣徒最早的肖像之一。托马斯去世后不到 10 年时间就有了这幅马赛克镶嵌画，而且它在教堂半圆形后殿墙壁上的位置正好在国王御座的最佳视角之内。

7. 国王威廉二世的御座。其上方是 127 页插图所示的马赛克镶嵌画，描绘的是基督祝福威廉，并以此认可他的统治权。

8. 主教座椅。这是比较晚近的装置，取代了原来的讲坛。主教原本应当坐在半圆形后殿之内。主教作为“神之代理”，与国王作为统治者的身份自不相同：虽然教会与国家息息相关，但国王和主教各司其职。

9. 国王威廉二世将大教堂敬献给圣母——与 126 页的柱头雕刻的主题一致。

10. 圣坛拱顶上是“天使报喜”图。

11. 神的宝座是空的，只放了几件基督受难时的用具，智天使基路伯和炽天使撒拉弗。

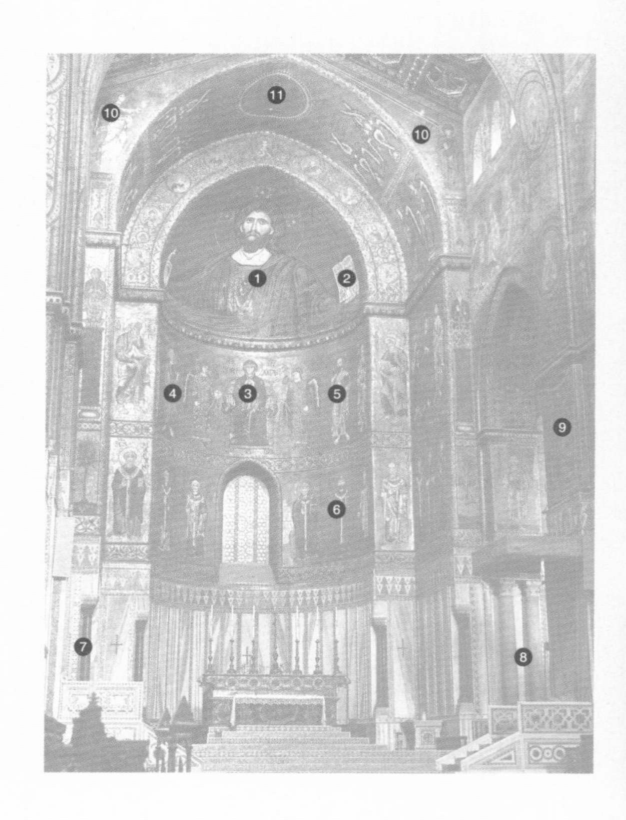

SCS
NICOLAVS
SANCTVS
DAMIAN
SCS
SILVESTER

▲ 洗礼堂、大教堂和钟楼

始建于 1063 年，比萨，意大利

这座举世闻名的比萨“斜塔”实际上是比萨大教堂的钟楼，像当时大多数钟楼一样，是独立建造的，以防倒塌时殃及其他建筑。有此预防很明智，因为在 1173 年动工后不久，沼泽地面便开始沉陷。后来还在此地挖掘出了船只，说明这片区域原来是罗马港口的一部分。古典时期建筑的一些残留也被整合进了新建筑中：在大教堂的墙面上可以见到好几处再利用的拉丁铭文；本堂的石柱高低不一，也是因为它们来自不同的建筑。钟楼和大教堂都有着非常精美的层叠拱廊，三座建筑的底层都有假拱廊。自成一体的洗礼堂呈圆形，表示洗礼之后可进入天堂享受永恒。早期天主教大教堂的洗礼堂都是独立建造的，只不过比萨的这座由迪奥提萨维（Diotisalvi）设计的洗礼堂始建于 1153 年，是其中最晚的一个，且直到 1363 年才完工，上半部分的装饰很显然已是哥特式风格了。

在杜伦和蒙雷阿莱这两个大教堂中，我们都能见到一种新风格的萌芽。1133 年，杜伦大教堂的建造者们实现了一项新的技术进步——成功地用石头取代木头建造了本堂的穹顶，而且在穹顶的后半部分，肋梁挑高并交汇于一点。蒙雷阿莱大教堂的半圆形后殿的马赛克镶嵌画也是尖顶的，而非罗曼式建筑中通常有的浑圆的轮廓（参见 152 页插图）。尖拱是伊斯兰建筑的特色，西西里岛的建筑采用此种形式，可见东方文化对此地的影响。罗曼式的某种常见的墙饰中也能见到尖拱。有一种假拱廊造型精致（比萨的洗礼堂和大教堂外均可见），拱廊层叠，圆拱之上还有圆拱，于是造成了尖拱。不管尖拱的确切起源为何，在建筑中采用尖拱让哥特式建筑的建造者们得以创造出盖世杰作。

精神之旅

许多文化中都有通过漫漫旅途来表示宗教虔诚的做法。在基督教里，这可以追溯到3世纪，但直到320年代末，君士坦丁大帝的母后海伦娜前往圣地朝圣，朝圣这一行为才获得官方许可。海伦娜在伯利恒和橄榄山建了一些巴西利卡式教堂，随后君士坦丁又在诸如基督埋葬之地圣墓等处建了一些巴西利卡式教堂。这些教堂虽日后屡经战火、毁损和倾颓，但总能得到重建重装，可见其香火不断。

然而有的信徒纵使极为虔诚，却不一定实现得了前往圣地的朝圣之旅，于是逐渐发展出了“苦路十四站”，使得在教堂内便可以进行一次虚拟的小型朝圣之旅（参见48页—49页）。同时还出现了对圣徒的热心敬礼，人们认为向圣徒的遗骨遗物祈祷，等同于向圣徒本人呈情倾诉，于是许多地方都可以成为朝圣之旅的目的地，朝圣活动蓬勃发展。罗马虽非基督教的诞生之地，也可称得上其摇篮，亦为朝圣者所青睐，尤其是在1300年教皇敕令的首个禧年（或曰圣年）之后，罗马更是成为朝圣者的主要目的地。还有一些屡显奇迹的圣像，比如立陶宛的“曙光之门”圣母像（参见86页），也成为朝圣热点。

位于西班牙北部的圣地亚哥•德•孔波斯特拉是欧洲最重要的朝圣地之一，是使徒圣雅各的埋葬之地。它拥有罗曼式的建筑、雕刻精美的大门入口（参见23页），而费尔南多•卡萨斯•衣•诺沃亚（Fernando Casas y Nóvoa）于1738年到1750年间建造的令人惊叹的巴洛克正立面更是令其增辉，顶上矗立着一尊圣雅各的青铜雕像，穿戴朝圣者的帽子和斗篷，手持行杖（如下图）。帽子上别着一枚海扇壳，两肩也都各有一枚——海扇壳是雅各的标志，直至今日，到该城朝圣的人还能得到这样一枚海扇壳以为嘉奖。朝圣者可以结队而行，既有伴又安全，沿途还可以拜访其他圣地。

来自朝圣者的巨额收入主要用于建造和装饰教堂、圣墓和圣髑龛，法国南部的圣福瓦便是这样一处受益者（参见92页和151页）。英格兰最受欢迎的朝圣路线以托马斯•贝克特圣墓为目的地，朝圣者一路上的各种常常非关宗教的经历，让乔叟写下了旷世名作《坎特伯雷故事集》。1538年，亨利八世捣毁了贝克特神龛以及许多其他圣徒神龛，现在英国唯一还保存着圣骨圣物的是英王兼圣徒“忏悔者”爱德华的神龛。1240年代，以纪念该教堂的创建者爱德华王，同时也为妥善安置其神龛，西敏寺得以重建。

哥特式

11 世纪至 13 世纪之间，无论是礼拜的形式还是建筑装饰的主题都没有显著的变化。12 世纪时，圣福瓦修道院教堂选择在其大门入口上方安排“最后的审判”的雕刻，而晚至 1460 年的伯尔尼明斯特教堂（the Munster of Bern）也做出了同样的决定。改变了的不是主题，而是呈现主题的方式。罗曼式的浑厚、雄伟，转变成了哥特式的轻盈、高耸和华美，伊利大教堂的八角塔楼便是绝美例子（见右图）。

哥特式建筑最典型的特征是尖拱，它解决了主要的结构问题，从而可以把建筑物建得更轻、更高。这是哥特式风格取得显著成功的最主要原因。尖拱比圆拱更加稳固，圆拱顶端的拱心石无法支撑向下的重力，如果拱太宽，就会坍塌。而尖拱的两条边相互倚靠，相互支撑，共同托起拱心石，而拱心石又有一个向下的重力，使得拱门更加稳定。因而尖拱以及哥特式教堂能够建得更大、更高，直上云天，更靠近神，更能展现天堂之壮美。

◀ 天使柱

约 1295，斯特拉斯堡大教堂（Strasbourg Cathedral），法国

左边瘦长、线条柔和的人像是圣马太，在他脚下的柱头上可以看到他的天使的头部。四福音书作者的上方是四个天使在吹响末日的号角，耶稣在最上面，正在进行“最后的审判”，他身边有三个天使。

▶ 八角塔楼（Octagon）

威廉·赫利（William Hurley），1322—1340（1859 年重新粉刷），伊利大教堂，英格兰

在为圣母堂挖地基的时候，不巧导致原来的诺曼式塔楼坍塌，之后便修建了这座木结构的八角塔楼。八角塔楼堪称哥特式建筑的真正辉煌之一，放到今日再也不会如此建造了，因为英国已经没有足够大的树木来为这样的建筑结构提供木材。天顶的天堂之景声光具备：正中央是一块由整块橡木雕刻的基督肖像浮凸雕饰，周围环绕着彩绘的众天使，灯箱底部的面板可以打开，修士们可以进入其内，在高空唱颂，宛如天使合唱团。

飞扶壁的发展也是为了解决结构问题（参见18页—19页）。扶壁有如半边尖拱，能够支撑屋顶：这不仅使得精美复杂的石拱顶成为可能，也意味着墙壁不再需要承受全部屋顶的重量，因此可以开凿更大的窗户。哥特式建筑的壮美不仅来自于它的凌云身姿，也因为其窗户引入天光，使教堂内璀璨而绚丽。巴黎圣母院（参见37页）和沙特尔大教堂（参见38页—39页）都是令人叹为观止的例子。

第一座真正的哥特式教堂据说是由修道院长苏格于1137年到1140年间重建的位于巴黎附近的圣丹尼斯修道院的西端，后来又新修了一个唱诗班区，完工于1144年。新修道院举行献堂礼时，出席的有法国国王、5位大主教以及13位主教：有如此强大的支持，新风格如此成功也不足为奇。1174年一场大火烧毁了坎特伯雷大教堂的东端——也就是托马斯•贝克特被谋杀的4年之后，修道士们雇了一个法国人——桑斯的威廉（William of Sens）来重建，自此哥特式被引入英格兰。（在英格兰的其他地方，罗曼式一直延续到13世纪。）英法的相互影响并不奇怪：整个安茹王朝，英格兰的金雀花王朝的国王们统治了大半个中世纪的法国直至比利牛斯山脉——英王亨利二世在1154年登基时已经是诺曼底和阿基坦（Aquitaine）的公爵。各个民族、国家因为日益繁茂的贸易交流而彼此熟悉，他们试图通过他们城市的美丽来展示他们的财富，哥特式建筑因而得以传遍欧洲。

◀ 圣克罗齐教堂（Santa Croce）

1294—1385，佛罗伦萨，意大利

意大利的建筑师们会使用尖拱来拔高建筑，却从不采用飞扶壁（米兰大教堂是个例外，它是由来自阿尔卑斯山以北地区的工人建造的）。意大利建筑师们或是不相信飞扶壁的作用，或是因为喜爱壁画而取宽墙面，舍弃大窗户。请注意，这座祭坛的尖拱彩绘面板与众小礼拜堂在大小和比例上甚为呼应。每幅面板上绘有一位圣徒，而每座小礼拜堂也相应地敬献给一位不同的圣徒，且无论是面板还是小礼拜堂，越靠近中间，地位越高。

传道和朝圣

哥特式建筑得以广为传播的另一个重要因素是两个新的宗教修道会的建立。从耶稣对其门徒讲的话中得到启发，这两个修道会的成员信赖神的供给。圣多明我和圣方济各都认为其追随者——那些靠施舍为生的“托钵僧”或者“游乞僧”——不应该远离社会，而应该积极参与社会，生活在人群中，向人传道。圣多明我创立了“布道兄弟会”（更常见的名称是“多明我会”，又译“道明会”），圣方济各创立了“小兄弟会”（更常见的名称是“方济各会”），它们后来成为西方最重要的两个修道会。

这两个修道会都属于兄弟会，他们均积极入世，寻求服务更多民众、更大社团，与离群索居、潜心默想的隐修士们迥然有别。托钵修道会在13世纪的兴盛推进了哥特式建筑的发展，因为他们想要接触尽可能多的人，于是他们建造了大量的大型建筑物，包括位于佛罗伦萨的圣克罗齐方济各会教堂（如左图）。

日益增长的朝圣人口也推动了哥特艺术和建筑的传播，而各教堂对圣髑的依赖也在持续影响着教堂的构造布局。很多世纪以来，祭坛内都是保存有圣髑的，但随着朝圣活动的增长，朝圣者要求能够更接近圣物。有些罗曼式的教堂把圣髑龛安置在地下墓穴中，有些则在外面绕长老席修建回廊。

重建坎特伯雷大教堂的时候也考虑到了这一需求，因为朝圣队伍的数目不断增大。越来越多的神龛被放在主祭坛后面，常常在一道屏风后，从回廊可以通向它。这样的话，主教座椅就不能再摆在半圆形后殿了，所以被移到了祭坛的一侧，与唱诗班席位在一起（考文垂大教堂内唱诗班席位左侧旁就有一个很现代的、高高的主教座椅，参见208页图）。与之相仿，在小一点的教堂内，神职人员坐在祭坛边上的司祭席上（参见56页）。

▼ 国王学院小礼拜堂

约翰·沃慈戴尔（扇形拱顶），1512—1515，剑桥，英格兰

1441年，英王亨利六世创建了国王学院，但小礼拜堂是在理查三世和亨利七世治内才逐渐完工的。约翰·沃慈戴尔也设计了坎特伯雷大教堂的哈利钟楼（参见第2页）。他主持这座小礼拜堂的所有石雕工艺，包括这个世界上最大的扇形穹顶。浮凸雕饰的图案在都铎玫瑰和吊门两者之间切换：英王亨利七世是第一位都铎君王，而吊门是博福特家族（Beaufort Family）的纹章，亨利的母亲玛格丽特夫人即来自这一家族，家族姓氏Beaufort的意思是“漂亮的城堡”，纹章的意涵即在此。

此时已经很少在教堂外面修建洗礼堂了——更常见的是在教堂内装置洗礼盆，通常在西端靠近门的位置，因为其功能之一便是欢迎人们进入教堂。不过不再有新皈依者被拒之门外的情况了，因为很少有皈依发生。自9世纪起，新生儿受洗愈加通行，等到长大成人，能够选择是否进教堂时，是已经受过洗的了。

祭坛画，或曰祭坛装饰，越来越常见，且越来越精美——这是另一个把主教座椅移出祭坛后面的原因。多联屏风（多幅面板的祭坛画）能够传达丰富多样的含义，并且在形式上能跟教堂本身相呼应，例如佛罗伦萨圣克罗齐教堂内的祭坛屏风（参见158页）。佛罗伦萨的艺术受到乔托的强烈影响（在1315年到1330年间，他的工作室为圣克罗齐教堂的主祭坛右侧的两座小礼拜堂绘制了壁画），而在其他地方，哥特式绘画发展出相当大的流动感来。“S型曲线”随处可见，比如斯特拉斯堡的天使柱，以及威尔顿双连祭坛画中的圣母（参见156页和164页—167页插图）。流动、盘曲的形式得人青睐，画中出现有华美褶皱的织物，不是为写实描绘布料本身，而是为其装饰性的线条和图案。不过，绘画中也开始逐渐包含更为自然主义的观察：对纪录我们所身处的世界里的形形色色产生兴趣，恰是文艺复兴的一个根本特征。

▶ 巴黎圣母院

1163—1345，巴黎，法国

巴黎圣母院是巴黎的主教座堂，是最早受到修道院长苏格于1130年代到1140年代间重建的圣丹尼斯教堂影响的教堂之一。最初并没有规划耳堂，但在1240年代和1250年代之间扩建了两座耳堂，同时也修建了南玫瑰窗（参见37页插图）。由于要加大唱诗班座席的窗户，就有必要建飞扶壁。那座被称为“利箭”的细长塔尖是19世纪维欧莱－勒－杜克修缮圣母院时添加的。

伯尔尼大教堂的大门

厄哈特·昆及其工坊，1460—1485，伯尔尼大教堂（明斯特），瑞士

伯尔尼大教堂的正门入口有最后也是最完整的中世纪“最后的审判”雕刻，堪称当世神学思想之集大成。拱楣中是“最后的审判”，与之相配的有其下的“聪明和愚拙童女的比喻”，以及环绕其上的十二使徒、8位先知和5个手持基督受难刑具的天使，拱顶上的浮凸雕饰中则雕刻着9个天使合唱团、7个天体、4位福音书作者及圣灵。1501年，1个佚名艺术家在正门的左右两边分别绘制了“天使报喜”和“人类的堕落”，二图与中央雕刻里的“得救赎上天堂”和“受诅咒下地狱”相呼应。1964年至1991年间，整个正门得到彻底的修缮，除了拱楣和拱顶的浮雕外，其他所有的雕刻都被转移到伯尔尼历史博物馆，而教堂正门上代之以复制品。

1. 基督端坐进行审判，他的右边是圣母玛利亚（从我们的角度看是左边），他的左边是施洗约翰，二人在为我们求情乞谅：拜占庭时期的耶稣形象在15世纪依旧盛行（参见142页）。

2. 沿拱门装饰带（archivolt）排列的是十二使徒。从左边底部开始依次为：圣多马、圣马太、圣达太、圣巴多罗买、圣约翰和圣彼得；然后是圣保罗、圣大雅各（西庇太之子雅各）、圣安德烈、圣腓力、圣西门和圣小雅各（亚勒腓之子雅各）。

3. 天使长米迦勒击败了恶魔，在最后的审判中称量灵魂的重量。（此处雕刻是99页插图中雕刻的复制品。）

4. 有福者身着白衣，被领进天堂的大门：这些人中包括一名教皇、几位红衣主教、主教和世俗官员，据说也包括伯尔尼的市长。圣徒和先知（各自携带其标志）在里面等候。

5. 那些受诅咒者、赤身裸体者、万恶不赦者，被恶魔严刑拷打并推入地狱之火，这些人是一些教会和国家中臭名昭著的人物（据说里面有苏黎世的市长）。

6. 尽管圣像破坏运动肆虐伯尔尼（参见178页插图），这扇大门却保存得完好无损。只有门间壁上的圣母玛利亚像被移走了，取而代之的是更世俗的正义女神像，由丹尼尔·海因茨（Daniel Heintz Ⅰ）雕刻于1575年。

7. 在耶稣的比喻中（《马太福音》25:1—13），聪明的童女和愚拙的童女都在等待新郎的到来。其中5个聪明的童女预备了足够的灯油，所以当新郎到来的时候，灯仍然是亮着的。她们在有福者这一边，手里举着点燃的火把。

8. 5个愚拙的童女没有灯油了。当她们去买灯油的时候，错过了新郎的到来，被关在婚姻之门外。这个故事的寓意 很明了：“所以，你们要警醒，因为那日子、那时辰，你们不知道。”（《马太福音》25:13）她们在被诅咒的这一边，神情凄惨，火把已熄。

9. 左边门上雕刻的葡萄藤果实累累，表示天堂中有福者将有丰厚的收获。

10. 右边的藤条上颗粒无收，犹如受诅咒的灵魂萎顿枯竭。

11. 十二使徒下面的拱门装饰带上是8位先知，从左下开始依次是：以西结、撒迦利亚、摩西、大卫、但以理、哈该、约珥和以斯拉。

12. 拱楣外围的拱门装饰带上是5个手持基督受难刑具的天使。

威尔顿双联祭坛画

约 1395—1399，国家美术馆，伦敦，英格兰

这是一幅可以携带的小型祭坛画，据推测是为英王理查二世的私人礼拜仪式而绘制的。站在他身边的是他之前的两位英格兰国王圣埃德蒙和“忏悔者”圣爱德华，以及他的主保圣徒施洗约翰。三位圣徒将理查二世引荐给基督和圣母玛利亚。将三位圣徒和玛利亚的站位与西敏寺建筑群中敬献给这几位的小礼拜堂的布局做一比较，可见二者的排列顺序是一致的。理查二世的加冕仪式在毗邻圣爱德华神龛的修道院内举行（此后英王均依循此例），选择这几位圣徒以及他们的站位安排，无不强调了英王理查二世的君权为神授。这幅画甚至可以视为他日后将封圣的声明，因为在画中他与两位君王圣徒为伍。理查二世生于 1 月 6 日，恰逢主显节，东方三王拜谒耶稣的日子，因而此图便有了另一层意味：这也是三王觐见圣婴。

❶ 箭和王冠均表明这是圣埃德蒙（圣塞巴斯蒂安的标志也是箭，参见 122 页—123 页，但他生前未曾戴上王冠）。埃德蒙是东安吉利的国王，死于 869 年，与当时还是异教徒的丹麦人作战，捍卫自己的基督教国家，被乱箭射死。

❷ 从那枚戒指可以辨认出这是“忏悔者”圣爱德华，这枚戒指有一个关于朝圣的故事。在去往圣地的路上，一位老人交给一位朝圣者一枚戒指，因老人自己无法亲自前往圣地，而希望这位朝圣者能将代表他虔诚的戒指带往圣地。然而，当朝圣者到达目的地的时候，又见到了这个老人，老人这才显示自己的真实身份：圣爱德华。

❸ 施洗者圣约翰抱着一只羊。他认出耶稣是救世主，说：“看哪，神的羔羊，除去世人罪孽的。”（《约翰福音》1:29）

❹ 据圣经记载，施洗约翰身穿骆驼毛皮的衣服，住在荒野。这幅画逼真地描绘出了骆驼皮毛，约翰左腿边上还能看到骆驼的头。

❺ 英王理查二世戴的领饰是用金雀花的种子荚做成的。在拉丁文里金雀花的名称是 planta genista：理查二世便属于金雀花王朝（Plantagenet dynasty），金雀花是统治该王朝的家族的族徽。他也佩戴着一枚白鹿徽章，是他从母亲肯特的琼那里继承的私人徽章。他的红袍上的金色图案也是由金雀花种子荚和白鹿组成的。

❻ 耶稣头上的光环是用交织的荆棘压印出精巧的图案。耶稣手指旗帜，任命理查二世代表自己为英格兰的国王。

❼“基督胜利”的旗帜，鲜红的十字代表基督在十字架上受难，白色代表基督的纯洁，“基督复活”中常出现这面旗帜。后

来它与十字军东征和圣乔治联系在一起，就成了英格兰国旗。1222年圣乔治成为英格兰的主保圣徒。旗杆顶端的圆球中有一个特小的图案，表现的恰是莎士比亚写于两个世纪之后的《理查二世》一剧中对英格兰的描绘："翡翠的岛屿……镶嵌在银色海面。"

❽天使们和玛利亚一样都穿着代表天堂的蓝色衣袍，并且天使们都佩戴着金雀花种子荚项饰和白鹿徽章。除了一个天使外，其他所有的天使都或看着理查或指着他。

❾左图中是荒芜的人间景象，而右边是富饶的天堂乐园：绿草如茵，玫瑰、紫罗兰和雏菊点缀其间。每朵花都画得很写实，但相互间的比例却并不真实。

文艺复兴

传统上认为文艺复兴肇始于15世纪早期的佛罗伦萨。然而一个世纪之前，乔托就已经在绘制无论是视觉还是情感上都极为写实的画，以求尽可能直接地表达（参见74页—77页）。14世纪作家薄伽丘注意到了乔托的作品，也注意到了那些视画家为艺术家而非工匠且予以尊重的古典时期的作家。文艺复兴从古典时期中汲取灵感，因此古代文献至关重要。人们也越来越注意到意大利古典时期残留下来的遗址废墟。因此，文艺复兴是受艺术和学术关注、驱动所致，而非来自教会自身的发展。不过，托钵修道会的兴盛发达也是个重要因素，因为他们用艺术来表达思想。于是不可避免的，能够尽可能直接和清晰地阐明观念的风格受到青睐，绘画和雕塑中越来越强的自然主义正好符合要求。

“天使报喜”图

菲利波・里皮（Filippo Lippi），约1440，圣洛伦佐教堂，佛罗伦萨，意大利

这幅为圣洛伦佐教堂绘制的《“天使报喜”图》运用了透视法，将我们带进画中，对所绘之人与物的写实描绘也让我们如同身临其境。这也是布鲁内莱斯基为该教堂的祭坛画所规定的确切形式：他认为每座小礼拜堂里只有祭坛画是唯一有颜色的地方，其余地方交给空间与光线，他希望通过这种方式能达到智识和精神的明晰。

圣洛伦佐教堂

菲菲利波・布鲁内莱斯基，1421—1469，佛罗伦萨，意大利

各建筑元素——柱顶、圆柱和地板的划分——不仅标示出建筑的比例，还将我们的注意力引向祭坛。布鲁内莱斯基发展了透视法，创造了一个任何艺术家都可以用来营造有纵深感的逼真错觉的系统。教堂内部原本要亮堂许多，后来的反宗教改革运动要求有更大的祭坛画，于是许多窗户不得不被封掉。

ADAM

· EVA ·
EVA OCCIDENDO OBFVIT

根特祭坛画

休伯特·凡·艾克和扬·凡·艾克（Hubert and Jan van Eyck），1425—1432，圣巴夫教堂（St Bavo），根特（Ghent），比利时

画框上有铭文说明，这件作品由休伯特·凡·艾克开始创作，1426年他去世以后，由其兄弟扬·凡·艾克接手并完成：不清楚谁画了哪一部分，很可能今日我们所见之大部分都出自扬之手。祭坛画的侧翼可以折叠合上，外侧面板顶上的弧形折叠过来后正好与神、耶稣和玛利亚画像上方的圆拱相契合。画作在一个星期中大部分时间都是合上的，合上后显示的是捐资人朱斯·维德（Joos Vijd）和妻子伊丽莎白·伯鲁特（Elizabeth Borluut），一边一个跪在施洗约翰和福音书作者约翰的身旁。画采用单色绘制，使其看似雕塑。两位圣徒上方是“天使报喜”图，还绘有玛利亚接受报喜时说的话：“我是主的使女”，字是倒着的，以方便天上的神阅读。

❶ 真人大小的亚当和夏娃，着色逼真，从俯伏于地的信徒的视角仰视二人，他们的人性与脆弱便一览无余。用于中央面板的视角有所不同，抬得更高了。夏娃的面相、浑圆的腹部和小巧的乳房，是15世纪流行的女性特征。

❷ 通常的“宝座基督”图（参见142页）中，基督耶稣居于圣母玛利亚和施洗约翰中间，然而中央面板上的这幅图的正下方出现的鸽子和羊羔，暗示这里表现的是圣三位一体，图中人物是圣父，他头上戴着教皇的三重冠，更加证实了这一点。不过他的容颜尚属年轻，更像是基督——这一双重性大概反映了基督的话：“人看见了我，就是看见了父。”（《约翰福音》14:9）

❸ 底下一层的四幅外侧面板，从左到右，分别画的是“公正的法官”“基督的精兵”（包括白马上的圣乔治）、“神圣的隐士”（包括圣安东尼修道院院长）、“神圣的朝圣者”（由手持行杖的巨人圣克里斯托弗带领）。这四组人分别代表四枢德：公义、坚强、节制和审慎。

❹“神的羔羊”站在祭坛上，胸前伤口的鲜血流入圣杯，代表基督的血与肉，一如圣餐仪式中的情形。祭坛边上围绕着膜拜的天使，其中一些手持基督受难时的刑具。

❺四队人向祭坛走近。左前方比较突出的一些人物是旧约中的先知和长老，右边与之相对的是使徒和教会成员。

❻背景中，左边是忏悔者和殉道者（男性圣徒），右边是童女殉道者（女性圣徒），亦在向祭坛走近。

❼ 和大多数洗礼盆一样，此处的“生命之泉”是八边形的，非常像波布列修道院盥洗室中的那个（参见45页）。中轴线上，从圣父到圣灵鸽子再到羔羊，再向下到井中的柱子，最下面是一道沟渠，井中的水沿此渠流向教堂中进行弥撒仪式的祭坛，再流向我们。

明晰也是文艺复兴时期建筑的主要推动者菲利波·布鲁内莱斯基所追求的一个目标。他回归到古典时期建筑的清晰、明净的线条，并且用圆拱顶取代了哥特式的尖拱顶。这发生在佛罗伦萨并不稀奇：那里有许多重要的罗曼式建筑，比那里的哥特式建筑更为引人入胜。比如罗曼式的洗礼堂，长久以来都被误认为其前身是座古罗马神庙。因此，布鲁内莱斯基的灵感源泉并非严格意义上的古典建筑。圣洛伦佐教堂是他建造的第一座重要教堂，如圣克罗齐教堂一样用的是巴西利卡式教堂的结构布局（参见 158 页），有一个中央本堂，两旁是侧廊，只是其外观迥然两异。和中世纪的建筑师一样，布鲁内莱斯基也依赖标准化的建筑部件来构造其建筑整体，但他更追求简洁，让人们能更清晰地看到这些重复的建筑单元。他还刻意限制颜色的使用，喜欢一白如洗的墙面，连接处使用一种叫“塞茵那石（pietra serena）”的清爽灰色砂岩。这样，正方形、半圆形、正方体、半球体诸如此类的几何形状就更为清晰醒目，整个建筑及其各部分的和谐本质便一目了然，易于理解。

布鲁内莱斯基甚至还规定了每侧小礼拜堂内祭坛画的大小和形式。菲利波·里皮的“天使报喜”图（参见 168 页）是少数几幅至今还在原处的祭坛画之一。

北部和伊比利亚复兴

里皮的绘画也显示了北欧艺术对佛罗伦萨绘画的影响，阿尔卑斯以北地区的文艺复兴与南部地区大不相同。意大利人发展出一种理性的透视法，以及对理想化的形式产生近乎科学一般的兴趣，而北部艺术家则着迷于逼真描绘出事物的每一个不同的表面。里皮的“天使报喜”图前景中那个描画细致入微的玻璃瓶即可见北部艺术的影响。里皮使用的还是将颜料与水和蛋黄混合调制的蛋彩，然而北部艺术家比如扬·凡·艾克，已经完善了油彩的使用，能画出更为逼真的物体表面。比如在根特祭坛画中，右上角管风琴的木头与金属的质地的差异，神身上衣料的华美与亚当、夏娃肤色的微妙变化的对照，都得到了极为出色的表现。

◀ **会堂窗户**

迪奥戈·德·阿鲁达（Diogo de Arruda），1510—1513，基督修道院（Convent of Christ），托马尔（Tomar），葡萄牙

14 世纪早期，在圣堂武士团（Knights Templar）解散以后，葡萄牙创立了基督骑士修道会（Knights of the Order of Christ）。基督修道院是一个圣堂武士团要塞的一部分，和许多其他圣堂武士团建筑一样，有一座模仿圣墓而建的圆形教堂。1484 年，曼纽尔王子（Prince Manuel）当上骑士修道会的“大师”，在他继承葡萄牙王位后，这座修道院便受到了重视。他当上国王后，于 16 世纪初，修建了这个会堂，替换了原来附着在罗曼式的圆形大堂旁边的哥特式建筑。这个窗户是“曼纽尔风格”的最富生气的例证。

文艺复兴在伊比利亚半岛也不尽相同。达·迦马发现绕过好望角通往印度的新航线后，葡萄牙的海外贸易繁荣昌盛，财富增长迅猛，也使得葡萄牙人得以大兴土木。任命达·迦马前往印度的葡萄牙国王曼纽尔一世（1495—1521在位），一生中敕令建造的建筑达六十多座，亦在葡萄牙发展出一种以他命名的独特建筑风格。曼纽尔风格保留了晚期哥特艺术的勃勃生机，揉合以文艺复兴艺术的现实主义观察。曼纽尔风格有其特定的词汇和主题，来自给葡萄牙带来大量财富的海上航行，比如绳索、贝壳、珊瑚甚至海藻，也从伊斯兰和印度建筑中借鉴了一些元素。

追求和谐

随着文艺复兴的深入，艺术家和建筑师（此时已可称为“建筑师”了，因为他们设计建筑而不必参与实际建造）对古代遗址和文献进行了更为细致详尽的研究。仅存的建筑文献是公元前1世纪维特鲁威（Vitruvius）所著的《建筑十书》。他在书中探讨了建造比例协调之建筑的必要性，以提供给我们生活、工作和崇拜的适宜环境。这正好与基督教对和谐与比例的兴趣相契合——教堂越对称，看上去就越完美，越适合传达神的讯息。

16世纪时，安德烈亚·帕拉弟奥承继布鲁内莱斯基开创的明晰、光亮，且结合以他通过更细致观察古罗马遗迹而学到的更加精研细究的古典主义，他还解决了一个有关基督教应用古典建筑的问题。当时的建筑师想要给教堂也建一个古代神庙一般的正立面，上有三角楣饰，下有圆柱支撑。然而如果想要此正立面高过本堂，就无法宽过侧廊（或小礼拜堂）。同样，如果保证其宽足以遮住侧廊，就无法保证其高盖过本堂。帕拉弟奥的解决方案是将两个正立面结合起来：高而窄的正立面竖在本堂之前，由高过一层建筑的巨柱支撑；再加一个宽而矮的正立面，以遮挡两边的侧廊或小礼拜堂。

坦比哀多小教堂（Tempietto）

多纳托·布拉曼特，约1504，蒙托里奥圣彼得教堂（San Pietro in Montorio），罗马，意大利

布拉曼特的小礼拜堂是圆形的，是座殉道堂，以纪念圣彼得被钉十字架的地点（后来被证明是错误的）。它如此成功地再现了古典时期建筑的光彩，很快就以“Tempietto”（也就是“小神庙”的意思）而闻名。它似乎还实现了许多建筑师的梦想：一个中央规划的教堂——如若祭坛能位于正中，则整个建筑将是完美对称的。然而基督教礼拜仪式却自有其要求，使得此种设想不可能被接受。坦比哀多小教堂的内部布局还巧妙地呈十字形，祭坛与正门相对，两道侧门充当简化了的耳堂。

威尼斯救主堂（Il Redentore）

安德烈亚·帕拉弟奥，1576—1591，威尼斯，意大利

威尼斯救主堂是座还愿堂（ex voto church），其建筑款项来自公众募捐，建筑目的是为感恩“救主”耶稣解除了威尼斯的瘟疫之灾。这场瘟疫在 1575 年夺去了威尼斯三分之一的人口。这座建筑大量采用古典时期建筑元素，而且各建筑比例富有音乐性。中央高挑的正立面的宽度是宽而矮的正立面的宽度的三分之二，2 ∶ 3 的比例代表一个五度音程；中央两根半柱之间的凹进部分是两侧半圆柱和壁柱之间的凹进部分的两倍宽，2 ∶ 1 的比例则与八度音程相关。（参见 104 页—105 页）

建筑术语

1. 圆柱（column）：圆柱型建筑结构，用以支撑。可以独立，可以附墙，也可以作为半圆柱存在。
2. 壁柱（pilaster）：看上去像是嵌入墙壁的方柱。
3. 柱顶(entablature)：由圆柱或壁柱支撑的横“梁”。柱顶的三个主要部分是柱顶过梁（architrave，又译“下楣”，搁在柱头上）、雕带（frieze，又译“中楣”，位于中间）以及檐顶（cornice，又译“上楣”，位于最上方）。多立安柱式的雕带装饰以称为“三陇板纹饰”（triglyphs）的三竖线方块组成，两个三竖线之间的平面叫作“排档间饰”（metopes，这上面也可以有装饰）。
4. 三角楣饰（pediment）：一个三角形的山墙端，由柱顶和屋顶勾出轮廓。缺口三角楣饰（a broken pediment）是指两边的屋顶没有相交，于是有了一个间隙（这是 16 世纪及以后建筑的特征）。
5. 弧形三角楣饰（segmental pediment）：有弧线型顶的三角楣饰。
6. 柱基（base）：圆柱或壁柱的三个主要部分的最下面部分。
7. 柱身（shaft）：圆柱或壁柱的中间部分。
8. 柱头（capital）：圆柱或壁柱的顶端。托斯卡纳柱式（Tuscan order）和多立安柱式（Doric order）的柱顶是非常朴素的，爱奥尼亚柱式（Ionic order）则有两个涡卷，科林斯柱式（Corinthian order）装饰有忍冬草叶。复合柱式既有 涡卷又有忍冬草叶（是爱奥尼亚柱式和科林斯柱式的组合）。

文艺复兴究竟于何时、以何种方式——甚至是否曾经——抵达英格兰，这个问题直至今日还有争议，因为彼时的许多建造者仍然固守哥特式建筑。文艺复兴的某些形式在16世纪时曾被采用过，但常常是夹杂在大量的哥特式建筑元素中。是伊尼戈·琼斯将纯粹的帕拉弟奥文艺复兴风格引入英格兰，尽管那已是17世纪了。琼斯精心修建了考文特花园的圣保罗教堂，采用了最基本的托斯卡纳柱式，据说他还称这座教堂为“英格兰最漂亮的谷仓”。倾斜的木制屋顶与支撑它的横梁揭示其渊源是希腊最早时期的神庙的古典建筑元素。只有柱廊使用石材，其余都用砖砌（琼斯的出资人贝德福德伯爵当时资金短缺）。琼斯本想将教堂入口修在柱廊一侧，但当时的伦敦主教威廉·劳德（William Laud）坚持要恪守传统，入口必须设在西面，于是柱廊便纯属装饰而没有实际功能了。

考文特花园的圣保罗教堂（St Paul's，Covent Garden）

伊尼戈·琼斯（Inigo Jones），1631—1633，伦敦，英格兰

维特鲁威也描述过建筑的不同柱式：基本上就是圆柱及与之相连的柱顶是如何演化、如何设计的。这些概念在16世纪的时候得到更为详细的阐释，定义出了5种柱式，并赋予每一种柱式基督教的意义。多立安柱式：敦实且脚踏实地，有着朴素的柱头，雕带上的装饰是三陇板纹饰和排档间饰，适宜于敬献给男性圣徒的教堂，比如圣彼得教堂。实际上，布拉曼特的坦比哀多小教堂用的就是这种柱式。爱奥尼亚柱式：柱头有一对向下的涡卷装饰，很适合端庄女性或儒雅男性。科林斯柱式：纤细而娇柔，柱头装饰着忍冬草叶，是敬献给殉道童女的教堂的理想柱式。托斯卡纳柱式是5种柱式中最基础、最朴素的一种。帕拉弟奥在威尼斯救主堂（参见左图）使用了巨大的复合柱式（结合了爱奥尼亚柱式和科林斯柱式）来支撑上层的三角楣饰，用科林斯柱式作为次一级的柱式来支撑下一层的三角楣饰。装饰华丽的柱式通常用于带庆祝性质的建筑。而伊尼戈·琼斯采用托斯卡纳柱式，则是应其捐资人的要求，造一座谦卑的建筑（参见上图）。

帕拉弟奥还撰写了《建筑四书》，以挑战维特鲁威的权威。这本书阐释了帕拉弟奥的建筑理念，推广他自己的作品。这本书对于建筑的发展异常重要，影响了克里斯托弗·瑞恩和伊尼戈·琼斯等许多人。

宗教改革时期

1517年，奥古斯丁派修士马丁·路德在德国的维滕堡大教堂（Wittenberg Cathedral）门上张贴了一份“投诉状”，抗议教会的种种做法，希望引发改革。后来证明，他的这份《九十五条论纲》的影响极为深远。

当时的天主教徒相信，人死时如果没有直接被打入地狱，那些带罪而未得解决的灵魂必须在炼狱中接受净化。教会鼓励信徒行善事，做特定的祷告，去圣地朝圣，以获取“赎罪”，这样就能缩短在炼狱的时间。但如果人们交出钱来让神的工作能行在别处，不也很好吗？于是有了买卖“赎罪券”的做法。路德认为这种做法是有问题的，问题远不止在于人们不了解这些款项的去向。路德相信我们的救赎并不在于我们的行为，而在于我们的信仰。他认为神职人员无权宽恕我们的罪，那是来自神的惠赐，是基督为我们牺牲后我们得到的恩典。路德的这些观念贬低了神职人员的地位，大大触怒了教会。

更朴素的信仰

在苏黎世，乌尔利希·慈运理牧师（Huldrych Zwingli，1484—1531）也相信，神评判我们是根据我们的信仰而不是我们的善行，但是他比路德走得更远。他反对圣徒崇拜，打破教会关于禁食的规定，还在1524年结了婚，而当时的神职人员是必须独身的（次年路德也结婚了）。慈运理主张圣经应当是信仰问题的唯一权威，并且声称他违背的传统没有一个是圣经所禁止的。他继而提出禁止圣像崇拜，因

▼ 发生在伯尔尼的阻止弥撒和焚毁圣像的活动

海因里希·布灵格（Heinrich Bullinger），《宗教改革史》（1605—1606版本），中央图书馆，苏黎世，瑞士

许多教堂曾经在每一个拱座的每一面上都放置有雕塑或画像，每一个雕塑或画像都代表一个独立的祭坛。所有这些在宗教改革期间或被撤除或遭损毁。特利腾主教大会（Council of Trent）之后，这个过程在一些天主教教堂中又重演了一遍。

为这在“十诫”第二条中说得清清楚楚。这样，慈运理挑起了第二波基督教世界中圣像破坏运动的大爆发，教堂中任何被认为是偶像崇拜的东西都被清除殆尽。

当时教会已确认七圣事（洗礼、圣餐礼、坚信礼、告解礼、涂油礼、婚礼以及授圣职礼），通过言行等可见的标志来领取神的恩典。扬·范·德威登（Jan van der Weyden）于宗教改革开始前70年所绘制的三联画就是这一信仰的印证（参见180页—181页）。1521年，路德宣布这些圣事圣礼是一种腐败，不过是教皇们的编造。

清洗教堂

宗教改革神学的一个重点就是，信仰的每一方面都必须基于圣经。摩西律法被给予特别关注倒也不足为奇——尤其是十诫之第二条中的严峻措辞：“不可为自己雕刻偶像，也不可作什么形像仿佛上天、下地和地底下、水中的百物。”（《出埃及记》20:4）当时的每一座教堂里都有装饰，显然与这条戒律相违逆。“净化”教堂的理想方式应当是文明有序有组织地拆除和销毁图画塑像，但鲜有如此文明行为。一些传道士作蛊惑煽动言论，怂恿民众盲目破坏，恣意毁损，还有的不过成了劫掠教堂财富的借口而已。1528年1月6日至28日，伯尔尼市进行了一场公开辩论，之后新教得到官方的正式认可，然而当新教徒开始清除教堂中绘画和雕塑等装饰时，遭到了固守“老派信仰”的信众的抵抗，导致改革派们怒火中烧，毫不留情地捣毁绘画和雕塑。左图描绘的场面还是平和有序的，也没有弄得一塌糊涂，伯尔尼的状况远非如此。慈运理牧师在离开伯尔尼之前，做了最后一次布道，他指着脚边凌乱堆放着的木块和石头说，将塑像拉下基座，便可见它们毫无神圣之处。当时有一首诗透露，木制的雕塑和祭坛画可以付之一炬，石制的东西则扔进一个洞里，等待最后的审判。然而这样的声明并没有得到完全认真地对待——1986年2月，为了修缮建在明斯特教堂旁的山谷一侧的巨大平台而进行的挖掘中，在地下14米（46英尺）处发现了大约550件碎片，其中大多数目前在伯尔尼历史博物馆展出。尽管改革派们很不满，但伯尔尼的圣像破坏运动依旧是有选择性的事件。至今没有人完全清楚为什么半圆形后殿的彩绘玻璃或是正门入口处的雕塑没有被破坏（参见96页—97页和162页—163页）：实用主义和地方自豪感可能是最好的解释。

▼ 圣巴塞洛缪（St Bartholomew）

约1500，十字架隔屏细部，圣维尼弗莱德教堂（St Winifred），马纳顿（Manaton），英格兰

这幅画像遭到了“毁容”。这个人物的脸部（画像中最体现人性因而也最亵渎神明的部分）被刮掉，只能通过他手持的刀辨认出他是圣巴塞洛缪，因为他的殉道方式是被活剥皮。此画像遭破坏可能发生在1548年，枢密院颁布法令清除或毁损所有涉及迷信的画像。

七圣事祭坛画

罗吉尔·范·德威登（Rogier van der Weyden），约1445—1450，皇家艺术博物馆（Koninklijk Museum voor Schone Kunsten），安特卫普，比利时

这件制作精美的大型绘画——中央面板有2米（6.5英尺）高——是由马丁·雪弗洛（Martin Chevrot）定制的，他是当时比利时图尔奈（即罗吉尔·范·德威登出生的瓦隆市）的主教，为其私人小礼拜堂所用。画中左边正在主持坚信礼的主教据说就是雪弗洛。画的中央是“基督被钉十字架”，这是我们获得救赎的根本，所以画得特别大，如放置在一座教堂的本堂中，会显得比真人还高大。围绕此中心意象排列着七圣事，信众的生活（从出生到死亡）都藉由这七桩圣事而与教会生活紧密相连。

洗礼：标志着原罪的净化以及新生活的开始，源自基督自己的洗礼。这个细部在画的左前方：范•德威登在画中从左到右依次描绘圣事，所遵循的顺序大体是按照它们在基督生平中出现的先后顺序。

坚信礼：之所以称之为坚信礼，是因为它确认和深化了洗礼所赋予的恩典，加强了个人与教会之间的纽带。这个圣事藉由圣灵而完成：圣灵既出现在基督受洗之时，也出现在五旬节，众使徒被圣灵充满后，前往世界各地去宣讲福音。

告解礼：也称为忏悔与和解。在洗礼之后，如若做了坏事，灵魂会远离神。只有当这个人真正悔悟的情况下才可能有和解，向神职人员忏悔他们的罪过，然后得到赦免之后，再以实际行为悔过。

圣餐礼：是基督教信仰的核心，因为它体现了信徒与神之间的交通。在这幅画中，这一圣事也被置于中心位置，在“基督被钉十字架”正后方的主祭坛处：基督的身体被高举在十字架上，祭司也高举圣饼。天主教徒相信，在圣体被高举的过程中，圣餐变体发生了。

授圣职礼：只有主教能够执行的圣事，任命某人为祭司、教士或主教，授权给他们去主持特定的圣事。

婚礼：基督出席过迦南的婚礼（参见75页—77页乔托的画），是将婚礼纳入七圣事的原因之一。也可以阐释为代表基督与教会的联姻。

涂油礼：起初只要有疾病威胁，任何时候都可以行涂油礼（亦称为“为患者膏油”），后逐渐被限制为“临终仪式”，为临终之人的身体（以及灵魂）迎接死亡而做的准备。

尽管最初路德认为告解是可以接受的第三种圣礼，但大多数新教徒只接受洗礼和圣餐，因为此两者都是基督身体力行过的。慈运理认为圣餐更像是一种纪念性质的餐饮仪式，而非真正的牺牲。路德在这一点上有不同见解，他更倾向于认为圣餐面饼中有“基督的真实存在”，而慈运理坚持面饼只是“代表”基督的身体。如果圣餐只是一种纪念仪式，一个象征性的行为，而非真正的牺牲，那么一张桌子就足够了，祭坛是没有必要的。如果祭司没有权力替人赎罪，那么他能做的就只有教导和建议：因此布道成了仪式的最重要部分，而祭坛和圣餐桌不再作为重中之重。

英格兰国王亨利八世撰写了一本小册子《为七圣事一辩：驳马丁·路德》，教皇利奥十世授予他“信仰的护卫者”称号。尽管如此，当利奥的继任教皇克雷芒七世拒绝同意亨利离婚时，他便脱离罗马教廷，建立英格兰国教，将自己立为教会首领。因为修道会并不推崇他为领袖，而是继续服从教皇，所以亨利解散了修道院，将修道院的大量土地和财富收为王室所有。现在依然可以见到英国土地上四散着当年许许多多废弃的修道院遗址。

直到亨利的儿子爱德华六世在1547年登基以后，英国教会才完全和新教联盟，并且于第二年颁布圣旨，要求教堂着手拆除与“偶像崇拜”有关的所有物件。后来玛丽一世在英格兰恢复了天主教，但为时甚短，她的妹妹伊丽莎白一世即位后，重立新教，只是巧妙地从天主教和新教的礼拜形式中各保留了一些部分。自此以后，英国教会就一直不尴不尬但心安理得地走着这样一条折衷路线。

◀ 威尼斯救主堂

安德烈亚·帕拉弟奥，1576—1591，威尼斯，意大利

帕拉弟奥的这座教堂的正立面平和冲淡（参见176页插图），让我们对其内部的明晰简洁也有所准备。柱式有粗有细，但柱顶都在同一高度；柱间的凹陷部分也是有宽有窄，错落有致。与先前的教堂相比，这座教堂最重要的结构上的差异是没有隔屏，唱诗区就在圣坛后面，会众能够毫无遮挡地看到祭坛，因而能更充分地参与到礼拜仪式中来。

反宗教改革运动

所有这些态势让罗马教廷更加清楚地认识到它需要为自己正名。方济各会中有人意识到当今世道已非圣方济各创会之初的世道，人们的生活方式亦今非昔比，主张改良的这一派于1520年创立了嘉布遣会（Capuchins）。1534年，罗耀拉的依纳爵创立了耶稣会，以求在宗教改革运动的狂潮中屹立，“为捍卫与传播信仰而努力奋斗”。1545年至1563年间，罗马教会召开了25次会议，以商量应对新教改革运动的对策。由于大多数会议都在意大利北部城市特利腾举行，故称为“特利腾主教大会”。大会坚持七圣事的合法性，甚至强化了告解仪式，发明了“告解室”（参见49页）。大会颁布法令，让会众更多参与圣餐仪式，撤除诸如隔屏之类的阻挡物，清除一切会让会众分神、让教堂凌乱的物件；要更多关注基督本身：撤除祭坛画，取而代之的是摆放圣体的圣体盘；圣徒崇拜依旧可行，不过仅限于得到教会认可的圣徒；绘画雕塑仍然被鼓励，但必须足够大，让人一目了然、明白易懂，必须是描绘圣经里的故事或是圣徒的生平。这些特征大多可以在帕拉弟奥的教堂内看到：清晰、明净的线条，使得我们能够把注意力集中在很容易看见的祭坛上，唱诗区在祭坛后面，因此不会阻挡我们的视线——旁边的小礼拜堂和它们的祭坛画亦不可见，如此设计是为了不影响会众的注意力集中在主祭坛及其圣体盘上。

巴洛克

反宗教改革运动对于巴洛克艺术的发展至关重要。特利腾主教大会所推广的理念需要在天主教艺术和建筑中传达出来，以对抗日益强势的新教。反宗教改革运动的艺术形式简洁明了，浅显易懂，非常适合于启人心智。然而，过于直接和简单却可能无法触动灵魂。简单地说，这种艺术不必扣人心弦。巴洛克艺术采取的策略是通过把观察者放在作品的中心，让他们不再只是观众而成为演员，从而使得宗教艺术的影响更为直接。

巴洛克艺术的大师非济安·洛伦索·贝尔尼尼莫属，他娴熟运用雕刻、绘画和建筑来创造戏剧，令信众置身其中，从而惊叹神之壮美辉煌。他认为事物之美不仅存在于其外观，也存在于其概念，作品背后的理念是创作的起点。贝尔尼尼总是从一个概念出发，逐渐创作出一个恢弘的整体。贝尔尼尼同时代人（先是他的助手，后成为他的强劲对手）弗兰西斯科·博罗米尼（Francesco Borromini）提供了很好的例子。他声称他设计的某个教堂的正门上凹凸有致的曲线表现的是一个张开怀抱欢迎信众的人的胸部和臂膀。莅临罗马圣彼得教堂的人们，也同样受到贝尔尼尼设计的柱廊的欢迎（参见12页图），这与博罗米尼蕴含于其如数学难题般的设计中的理念异曲同工。

运用“概念”为国际通行，也可运用于任

（下转192页）

◀ 圣尼古拉大教堂（St Nicholas Cathedral）

克里斯托弗和吉里恩·英格涅·丁岑霍福尔（Krystof and Kilian Ignac Dientzenhofer），1702—1752，小城广场，布拉格，捷克共和国

圣尼古拉大教堂是典型的巴洛克式建筑，其建筑、绘画和雕塑全都风格统一，浑然一体。四角的拱座上的三角楣饰上端坐着众“美德”（例如“正义”在右下角），她们身后的穹隅上画着人物映衬“美德”雕塑，窗户透进来的天光照亮穹顶的众天使翩飞向上的天堂之景。

▶ 查尔斯教堂（Karlskirche）

约翰·伯恩哈德·费舍尔·冯·埃拉赫（Johann Bernhard Fischer von Erlach），1715始，维也纳，奥地利

哈布斯堡皇帝查理六世决定向反宗教改革运动的主要发起人之一圣卡洛·博罗梅奥（San Carlo Borromeo）敬献一座教堂，希望能祛除1713年爆发的瘟疫之灾。两根影射罗马帝国的凯旋柱，几乎像是嵌在教堂的正门中。整个设计气派强劲，彰显出哈布斯堡王朝永延帝祚的抱负。

奥格斯堡的圣体光座（The Augsburg Monstrance）

约翰·泽科尔（Johannes Zeckel），1705，维多利亚和阿尔伯特博物馆，伦敦，英国

圣体光座是用来展示圣体的台座，天主教徒认为圣体就是基督的身体。1264 年开始的“基督圣体瞻礼”（Feast of Corpus Domini）便引入了圣体光座，宗教改革后它变得更为重要，因为它强调了圣餐变体说之真确。本图中的圣体光座制作于 18 世纪的奥格斯堡，也就是现在的德国巴伐利亚。不像其他的巴洛克艺术作品那样将观者直接吸引到戏剧中，圣体光座是把圣体作为中心角色。此处不是用图像来代表基督，且只有在圣体光座被使用时基督才在场。将圣体嵌入光座中，不仅是对“最后的晚餐”的再现，也是对圣三位一体的抽象表达。

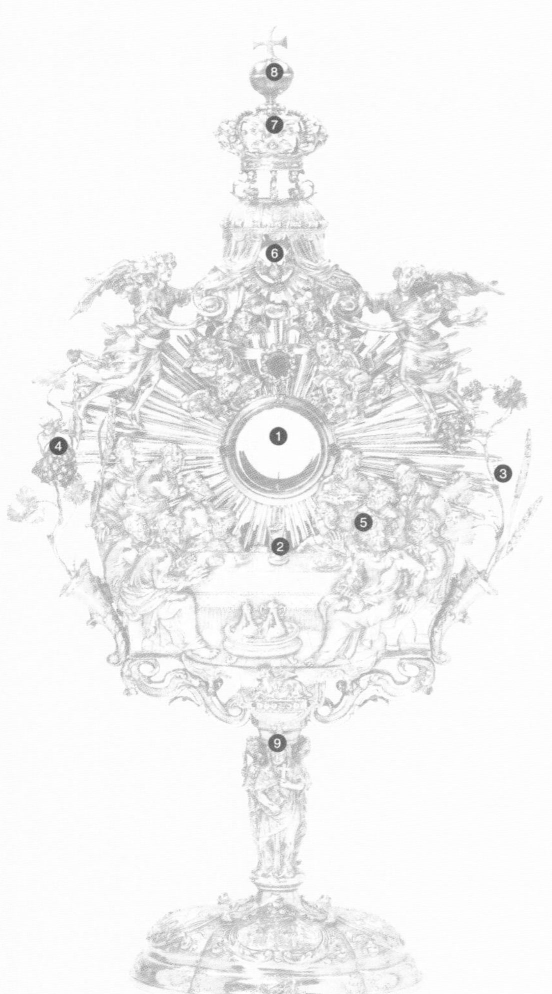

1. 这个中央空间包含一个新月形的构造，是玻璃质地，被称为“月”，其功能是将圣体固定在位。天主教徒相信“圣体实在”论，亦即：经祝福的圣体就是基督的肉体，尽管作为圣体的面饼存在“偶然因素”，比如其外观、味道和质地。因此，圣体光座在使用时，基督不是被再现，而是实际存在。

2. 基督圣体空间前面是一个代表圣杯的酒杯，弥撒仪式中用来盛酒。

3. 谷物，代表弥撒仪式中使用的面饼，从丰饶之角中长出来。

4. 长在藤条上的葡萄，不仅代表圣餐仪式中的葡萄酒，也意指基督的话：“我是葡萄树，你们是枝子。”（《约翰福音》15:5，参见112页）

5. 犹大坐在桌子靠近我们这一边，在耶稣的对面：自最早的一幅“最后的晚餐”画作始，这样的坐席安排已成标准。所有的门徒都看着基督，只有犹大转过身来，他右手拿着的钱囊里装着30块银元。

6. 两个天使揭开帘子，圣灵之鸽显现出来，这也是个圆形构造，类似于“月”。

7. 这个王冠指代圣父及其王国。于是，当圣体光座在使用时，顶上有圣父的象征，中央有圣子的“圣体实在”，他们之间有一只圣灵之鸽。在弥撒仪式中食用面饼是与神的真正交通。

8. 这个附十字架的宝珠更进一步指代一统天下的神，球体一分为三（下半球为一份，上半球分为两份），不仅蕴含“三位一体”之意，也指代雅弗、闪和含的后代分治天下（参见106页）。

9. 支撑圣体光座的柄上可以看到另外一个指代“三位一体”的象征：三个神学美德——“信”“望”“爱”——合围着座柄。“信”在前，手持十字架和圣经；“望”和“爱”在后，只能看到一点点“望”的锚露出的一角。

EVROPA
ASIA
IGNEM VENI MIT
TERE IN TERRA

AMERICA
AFRICA

依纳爵封圣

安德烈·泽波佐（Andrea Pozzo），1691—1694，圣依纳爵教堂，罗马，意大利

“我来，要把火丢在地上，倘若已经着起来，不也是我所愿意的吗？”（《路加福音》12:49）

罗耀拉的依纳爵与其同道于1534年创立了耶稣会。他受洗的名字是“伊尼戈”（Inigo），但他更愿意用“依纳爵”（Ignatius）这个名字，因为他觉得法国人和意大利人更容易接受这个名字。他的追随者们很快就意识到这个名字与拉丁词“ignus”（意为“火”）很接近，经常提及他能够在其追随者胸中燃起烈焰，以及对神之爱，对职责的热情，而其职责之一就是作为神的使者前往已知的世界各地去传教（当时已知的世界还只是欧、亚、非和美四大洲）。安德烈·波佐描绘了这一使命，在他的画中，天堂就在人世之上，透过教堂的天顶就可以看到，罗耀拉的依纳爵有如明镜，他的美德将神的光芒反射到世界的四角。

❶ 基督举着他的十字架，位于天顶的最中央，人之目力所能及的最尽头：他是人类的救世主，我们的注意力理当放在他身上。耶稣旁边是三位一体的另两位：圣父和圣灵。

❷ 圣罗耀拉的依纳爵，耶稣会的创始人，立于众天使所抬之云端。一束光从基督身上投射到依纳爵身上，再反射到四片已知大陆的拟人化身身上，以及“耶稣之名”上。

❸ 欧洲的化身是一位金发白肤的妇人，骑着一匹马。她手持权杖，左臂搁在象征王权的宝珠上，言下之意是：欧洲是最主要的大陆，统治着其他三个大陆——这在当时是一个被普遍持有的信念。

❹ 亚洲骑着一匹骆驼。在她的左边，两个小天使捧着一个冒烟的青花瓷碗——指代中国的陶瓷。当时欧洲的大部分佐料和香料都进口自“东方”。

❺ 非洲是一个黑女人，骑在鳄鱼身上，手上拿着一根象牙：象牙非常昂贵，常被精心雕刻（参见193页）或镶嵌在家具上。

❻ 美洲是一个美洲土著，头饰精美，手持长矛，背负装满箭的箭筒，正跃过一只美洲豹。一只被人从南美带到欧洲的金刚鹦鹉立在近旁圆柱的柱基上。

❼ 一个天使举起一块匾额，上面写着字母“IHS”，意为“耶稣之名”。15世纪时锡耶纳的圣伯纳丁将此推广，后受到耶稣会士的青睐（参见118页—119页）。匾额的表面闪耀着光芒：这是另外一面将神的光芒反射到我们身上的明镜。

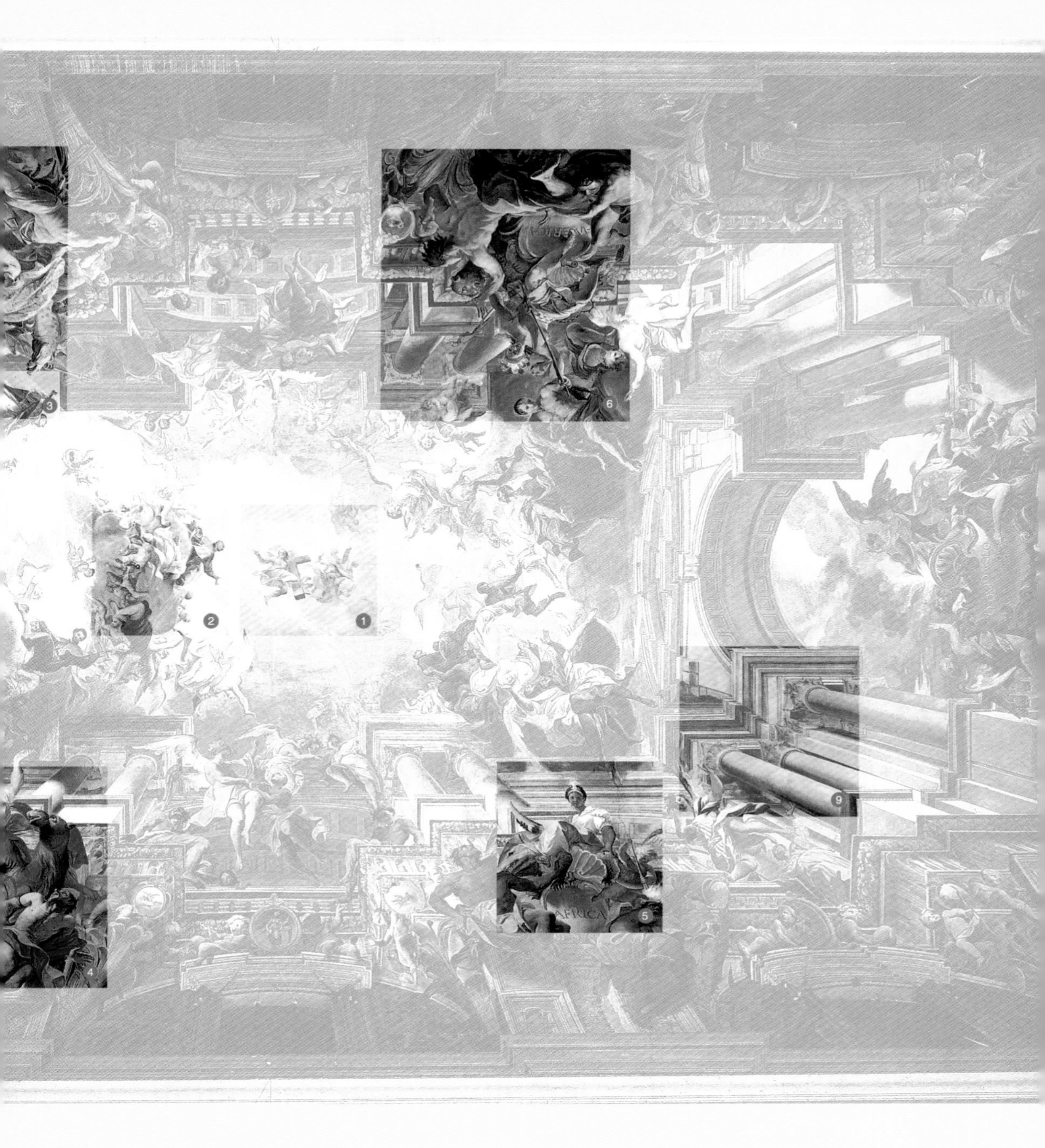

❽ 众天使照看一个火盆。火盆下面有铭文："Ignem veni mittere in terram"（"我来，要把火丢在地上"）。这是《路加福音》中的话，可与依纳爵的名字关联起来。

❾ 这部分建筑完全是假的：只有窗框、墙顶的上楣和两端的拱门是真实的三维建筑结构。波佐在教堂地面某处嵌入一块红色的石盘，须从这一点观看这幅画才有最好的透视效果，就在透视灭点的正下方，也就是在耶稣的正下方。耶稣会士也许会说：只有从正确的视角观看此画才有意义，同样，只有当我们仰视耶稣的时候，人生才有意义。此画无非幻觉，我们在人世的生活亦如是：只有在时间终结之后，在天堂与神同在的生活才是真实的、永恒的。

何规模的设计中。奥格斯堡的金匠约翰·泽科尔设计了一个圣体光座，经祝福的圣体就是耶稣的真实存在这一信念赋予它意义，而奥地利的建筑师费舍尔·冯·埃拉赫设计了一座宏伟的巴洛克式教堂（参见185页插图），他古今并用，意欲表明哈布斯堡王朝的持久而强盛的统治源于古罗马帝国。波兰的斯维塔·利浦卡朝圣教堂里的管风琴（参见59页插图）色泽亮丽，形式奔放，使音乐更添魅力，而更神奇的是，那些雕刻的天使能够旋转活动，弹奏乐器，参与到天堂的戏剧中来。

贝尔尼尼对圣彼得教堂的贡献甚巨。一步入教堂，映入眼帘的就是远处祭坛华盖内的圣彼得主教座椅（参见66页图），而当你在教堂内走动时，不同物件之间的关系也随之改变。沿北墙是教皇亚历山大七世的陵墓，也在力邀我们置身其中，因为那扇看上去像通往陵墓的门实际上是扇真真确确的门，曾经通往圣器室。

在罗马其他地方的贝尔尼尼作品中，最最戏剧化的是当时刚刚封圣的阿维拉的特蕾莎的雕塑（参见93页）。她的迷狂异象成为其灵魂受到震荡鼓舞的基调，而该雕塑所在的角落小礼拜堂亦以同样方式使之成为巴洛克理念的完美典范。真实的天光从一隐秘之处投射进来，照亮镀金的灰泥雕刻的光线，再投射到雕刻的人物身上，而大理石雕刻的捐资人家庭成员赫然就座于两侧的剧院包厢里。

▼ 圣多明我教堂

自1572年始，瓦哈卡（Oaxaca），墨西哥

穿过这个天顶低矮的前厅，空间豁然开朗，进入一个装饰华丽的本堂，最东端是一座精致的金色祭坛。该教堂是多明我派传教士修建的。灰泥天顶展现的是圣多明我的家族树。圣多明我既是多明我修会的创始人，又是西班牙同胞，因而对这些传教士来说非常重要。

好牧人少年耶稣

印度—葡萄牙人，可能是果阿（Goa），1675—1750，维多利亚和阿尔伯特博物馆，伦敦，英国

这是件象牙雕刻，象牙可能是从非洲的莫桑比克出口至印度的果阿。这件象牙雕刻借鉴了传统的印度视觉文化，用于基督教目的。此处的耶稣也带有明显的印度人面目特征，整件象牙雕刻的基督教性质表现在耶稣上方的圣父，以及最顶上的圣灵之鸽。耶稣下方是玛利亚和约瑟分立喷泉两侧：在印度文化中，喷泉可以指代自然的丰饶多产，而在基督教语境里则是指生命之水。

传教的热情

“所以，你们要去使万民做我的门徒，奉父、子、圣灵的名给他们施洗。凡我所吩咐你们的，都教训他们遵守。”（《马太福音》28:19—20）

基督吩咐给使徒们的使命，对后世基督徒来说也很明确：他们有义务向全世界各族人民传教，使他们皈依基督教。13世纪，圣方济各创立的托钵修会便是基于耶稣的教导，方济各本人亦曾不带钱物，不着鞋袜，只一件外衣，远行至埃及和巴勒斯坦。14世纪末，方济各会的复兴导致传教热情的高涨。1492年发现新大陆以后，传教变得尤为重要。1493年，方济各会修士与哥伦布一同踏上了第二次航海的旅程。1519年，更多的方济各会修士随同科尔特斯（Cortes，1485—1547）踏上了前往墨西哥的远征。还有的方济各会修士去了安地列斯群岛，开始在哥伦比亚和委内瑞拉传教，使当地民众皈依基督教。1526年，在教皇克雷芒七世的要求下，多明我派修士和热罗尼莫派修士（Jeronimites）也加入了远征的行列。其时宗教改革运动方兴未艾，天主教会这样做，不仅是遵循基督的教导前往世界各地传播福音，也是要失之东隅收之桑榆，要将因欧洲的新教运动失去的灵魂在别处补偿回来。

新大陆不是唯一引人关注的地方。葡萄牙人于1498年开始殖民印度，国王曼纽尔一世声称“这份事业的主要目的永远是服务我们的主以及我们自己的利益”—就是这一利益使得曼纽尔风格的建筑广为传播（参见174页插图）。虽然现代观念强调贸易和殖民统治才是前往世界各地探险的主要动机，但当时亲与其事者的信仰的真诚是毋庸置疑的。1534年耶稣会成立时，宣誓要在耶路撒冷传教，“若是教皇指向哪里，就义不容辞奔赴哪里”，就是这一誓言，不久后将耶稣会士们带去了加拿大、日本、巴拉圭和埃塞俄比亚。

传教士们亦将欧洲建筑风格带往了世界各地，也为欧洲艺术引入了新的概念：这件印—葡象牙雕刻表现出的基督教圣像与印度传统的结合可为一例。建筑物则纯然是欧洲的面目，到17世纪为止，与当地传统迥然相异的教堂建筑不仅成为传教事业卓有成效的标志，也是彰显殖民宗主国之权势与辉煌的标志。

角落小礼拜堂天顶上所绘的画，同建筑一道，逐渐消融成天宇：天堂实实在在就在那里，在我们的视线之内。这是巴洛克艺术中常见的一个奇思妙想，在布拉格的圣尼古拉大教堂的穹隆上就有这样一片天堂，而最为辉煌的例子可能要数罗马的圣依纳爵教堂的天顶，后者是敬献给耶稣会创始人罗耀拉的依纳爵的第一座教堂。依纳爵和特蕾莎一样，于 1622 年封圣。波佐的天顶——与贝尔尼尼的雕刻一样——调动我们的视觉，在我们的空间感上做文章：我们不只是作为局外人遥望神圣天堂的景象，而是置身其中，就在此时此地，我们的视线引领我们超越那逐渐消融的天顶，进入神真实存在的天堂。

▼ 圣玛利亚朝圣教堂（St Mary's Pilgrimage Church）

彼得·萨姆博（Peter Thumb），1747—1750，伯瑙（Birnau），德国

教堂内饰明亮、轻巧，令人振奋，是多人合作的成果：首先是建筑师和建造师彼得·萨姆博，而雕刻和灰泥装饰是由约瑟夫·安东·费希特梅尔（Josef Anton Feichtmayr）完成的，壁画由戈特弗里德·伯纳德·戈兹（Gottfried Bernard Goz）绘制。他们合力将原本只是一个简单的长方形本堂及两边狭窄的小礼拜堂，转变成一个精美而复杂的空间。支撑着悬挑楼台的壁柱赋予建筑节奏感，而后被精美的灰泥细工消解，继而被天顶的壁画带入想象中的天堂。这座教堂之所以会敬献给圣母玛利亚，是因为一幅从以前教堂转迁至此处的显灵圣像。天顶绘画的主题也与此有关：即便是在如此恢宏的场景中，身着天蓝衣袍的圣母形象依然卓尔不群地凸显于苍白的背景中，而教堂上下两层窗户更是将之照耀得熠熠生辉。

▶ 山上仁慈耶稣朝圣所（Bom Jesus Do Monte）

卡洛斯·阿玛兰泰、安德烈·苏亚雷斯及其他人（Carlos Amrante, Andre Soares and others），1722—1834，布拉加（Braga），葡萄牙

“山上仁慈耶稣”圣所建于1693年，建在一座至少可追溯到1393年的小礼拜堂的旧址上，不过这里看到的教堂是1784年由卡洛斯·阿玛兰泰建造的。这些精美的阶梯不仅仅是装饰：始建于1722年的第一段包括苦路十四站，系列小礼拜堂内供奉着“基督受难”赤陶雕塑；随后是第二段锯齿状的台阶，有5座喷泉，分别代表5种感观；最上面部分也是锯齿形阶梯，但形制不同，主题是三超德：信、望、爱。此圣所是葡萄牙的重要朝圣地，朝圣者在心怀虔敬地攀爬阶梯的同时，还要默想这些主题，而最虔诚的朝圣者会一路跪行登阶。

巴洛克还是洛可可？

到了18世纪，张扬奔放、孔武有力的巴洛克艺术形式逐渐发展成轻快诙谐的洛可可风格。“洛可可”这个词的确切来源尚不清楚。“巴洛克”一词源于葡萄牙词“barocco”，用来描述一种不规则形状的大珍珠，而“洛可可”（Rococo）则更多指的是岩石或者贝壳。法语词“roche”意为岩石，“rocaille”指石头或是贝壳艺术品：与“coquille”不无关系，后者意为贝壳。甚至有可能“洛可可”一词是作为一个玩笑被创造出来的，描述一种以岩石和贝壳为主题的巴洛克风格。

洛可可究竟是不是一种有别于巴洛克的独立风格，仍然是一个有争议的问题：有人认为它是一种装饰形式，而不是一种独立风格。如若它仍属巴洛克风格，那么它是巴洛克臻至巅峰还是降为庸俗的形式呢？又是众说纷纭。它似乎与18世纪贵族的轻浮很有关系，若果真如此，那它就完全是世俗层面的，然而它却在教堂中大获成功，尤其是在德国和奥地利。

巴洛克建筑讲究各元素之间的和谐连贯，而洛可可的各建筑部件要有更多装饰，有精致复杂的图案，以求打破建筑的结构形式。并且它的装饰往往是不对称的，用S形和C形曲线组合成复杂的图案。巴洛克绘画和雕塑中常使用鲜明的对角线，既有平面的也有纵深的，而洛可可构图则往往建立于一系列重叠的对角线，例如葡萄牙布拉加的锯齿形阶梯（参见上图）。

“道”的教堂

宗教改革之后的许多年头，新教徒们都无需建造新教堂，只需要对现有教堂加以改造，让它们适合新的崇拜形式即可。新教的崇拜仪式强调圣经的权威，重视讲道，因此新教的教堂被称为“道的教堂”。除了拆除有偶像崇拜之嫌的图画雕塑外，更多重心被放在了讲道者身上。英格兰的教堂因而发展出双层乃至三层的讲坛，最上层讲道，中间一层读经，最下层供普通教堂执事通报消息以及带领会众作出共同反应之用。为了让会众能够更加专心于讲道，座席也变得更为重要。祭坛被简单的圣餐桌取代，圣餐桌也通常被搬进了本堂，摆在唱诗班隔屏前边。圣坛基本上弃置不用了，有的教堂则将之辟为他用，比如索思沃尔德的圣爱德蒙教堂内的唱诗班席位（参见50页—51页图）就刻有涂鸦，因为圣坛曾经作过学校。不过，1634年坎特伯雷大主教威廉·劳德下令，圣餐桌必须移回教堂东端，“一如祭坛”。坛后屏框不再装饰任何图画，而以经文代之，比如“十诫”“主祷文”“使徒信条”（参见118页及201页）。直到1666年伦敦大火焚毁了包括圣保罗大教堂在内的八十多座教堂，才有机会建

◀ 圣保罗大教堂，鸟瞰图

克里斯托弗·瑞恩，1675—1710，伦敦，英格兰

和早些时候的建筑师一样，瑞恩也想要一座中央规划的教堂，因为这样的教堂更对称，因而也更协调。但教会坚持要建一座标准的长方形教堂。这一鸟瞰图让我们看到，瑞恩是如何实现两全其美的。从外面看，西端添加的小礼拜堂形成一种屏挡，和林肯大教堂不无相似（参见14页图），从而也创造出一个气势磅礴的正立面，但同时也明显限制了本堂的长度，自内观之，穹顶正好在整个建筑的正中央。

▶ 圣保罗大教堂，正立面

克里斯托弗·瑞恩，1675—1710，伦敦，英格兰

圣保罗大教堂的建造是为了取代一座焚毁于1666年伦敦大火的旧教堂。新的大教堂建造于1675年至1710年间，近日得到彻底全面的清洁和修缮，以庆祝其300周年华诞。不仅那些精致的建筑细节得以展露，栩栩如生的雕刻也以更清晰的面目示人。三角楣饰中是一幅“圣保罗皈依”的浮雕，顶上有一座圣保罗的雕塑。三角楣饰左角上方是圣彼得的雕塑，而在同一水平面上，两座钟楼的基座角上则是四福音书作者，各个携带着自己的标志物。

造新的教堂。新建筑所需费用则通过征收一项煤炭税来敛聚（像是讽刺一般暗示：火之过，火来赔）。克里斯托弗•瑞恩全权负责此项工程。那时英国国教会已经站稳脚跟，能够决定其建筑当为何样，然而 1662 年颁布的《公祷书》内规定的崇拜形式与以前天主教的崇拜形式大同小异，因而圣公会的教堂结构也没有太大差异。不过，瑞恩得以将意大利文艺复兴的理念引入英国，他的所有这些理念得自安德烈亚•帕拉弟奥的著作，而这些著作也是刚刚通过伊尼戈•琼斯的作品才抵达不列颠。瑞恩作品中的某些方面，比如圣保罗大教堂正立面通过深深的柱廊表现出来的强烈的明暗对比，以及将不同建筑元素组合起来的复合结构，都可比拟同时代的巴洛克建筑，不过要到下一代英国建筑师，比如詹姆斯•吉布斯（参见第 7 页）和尼古拉斯•霍克斯莫尔，巴洛克的影响才更明显。由于瑞恩负责了五十多座教堂的修建，因而可以就一系列基本主题玩出许多变奏来。他最伟大的杰作是圣保罗大教堂，以及与之比邻且规模小许多的沃尔布鲁克圣司提反教堂（参见 61 页）。瑞士的情况亦如此，多年来新教徒做礼拜都在

▼ 老教堂（Oude Kirk）

14 世纪—16 世纪，阿姆斯特丹，荷兰

阿姆斯特丹的“老教堂”历史悠久，1578 年前一直是天主教徒的崇拜场所。1566 年遭受了圣像破坏分子的劫掠，教堂内的许多艺术遗产被毁损。目前教堂内部如此“一贫如洗”的样子，就是那次破坏的结果。17 世纪时添加了一些装饰和适当的家具及装置，大多为未上漆的木制品。

▶ 圣彼得教堂

汉斯·鲁道夫和汉斯·雅各·韦伯（Hans Rudolf and Hans Jacob Weber），1705—1706，苏黎世，瑞士

圣彼得教堂是苏黎世最古老的教区教堂，18世纪时重建了本堂，因而成为该市第一座专门的新教教堂（虽然还保留了原来的尖塔，参见15页）。教堂中央的灰泥装饰高高在上，既可以让所有人看得清楚，又不会影响会众聆听讲道。讲坛前是洗礼盆和圣餐桌的组合。

经过改造的旧教堂里进行。苏黎世第一座“新”教堂是圣彼得教堂，其本堂得到重建，以适应新教徒礼拜的需求。圣彼得教堂围绕讲道而设计，讲坛放在原本是讲坛隔屏的地方。重心显然是讲道者与道的中心地位，而非任何有关信仰的图形标志。讲道者头顶的墙壁上方有希伯来文的神名（参见118页），其下是经文：“当拜主你的神，单要侍奉他”（《马太福音》4:10）。讲坛前是一件将洗礼盆和圣餐桌组合在一起的教堂家具：洗礼和圣餐是新教徒所认可的两大圣事。欢迎新成员进入教堂的洗礼仪式成为重要仪式，洗礼盆也不再放在靠门处，而在教堂的中心位置，在所有会众的面前。洗礼盆盖上盖后，就可作为圣餐桌使用：进入教会以及与神沟通的仪式，都在同一个地方。

荷兰的宗教改革

荷兰宗教改革的一个重要肇因是其政治变革。16世纪时，西班牙统治了荷兰的17个省份。1568年，荷兰人民开始了长达80年的独立战争。1581年，7个北方邦成立荷兰共和国。1648年，西班牙签订了《明斯特条约》，最终承认了荷兰的独立。荷兰人获得自由后，再进一步从唯命是从的天主教徒转变为能自己当家作主的新教徒。新共和国得以挣脱锁链、获得自由，自主自立的强大国势源自其国际贸易获得的巨大财富。和西班牙的战争尚未结束，共和国就在修建新教堂了。1603年，建筑师亨德里克·德·凯泽负责建造了阿姆斯特丹的第一座新教教堂南堂，1620年又在城市西部和北部分别开建两座教堂。

皈依新教对荷兰艺术的影响甚巨。艺术家们不再为教堂绘画，从而使得风景画、人物肖像画和静物画开始受到关注。这并不意味着教堂内的绘画雕塑完全绝迹——和英国一样，人们依旧建造墓葬纪念建筑物来荣耀逝者。最佳例子就是纪念独立战争中的英雄人物“沉默者”威廉的墓（参见47页图），至今依旧是该市的骄傲。

莱姆屋区的圣安妮教堂（St Anne's, Limehouse）
尼古拉斯·霍克斯莫尔，1714—1730，伦敦，英国

霍克斯莫尔为该教堂造了一个精美的塔楼，塔楼的功能之一便是引领人们的视线，让人仰望天堂。门廊形状有如半圆形后殿，有一个半圆形屋顶，与再上一层的钟室的拱门相呼应。这让人有一个视觉上的递进，引领我们的视线向上向上，直到最顶上的尖顶。尖锐的外形，由小单元聚合起来的整体结构，都和哥特式建筑很相似，但所有的单个组成元素又全都源自古典建筑。

信仰多元

到1700年代，基督教已有许多教派，但不是所有的教派都受欢迎。伦敦的圣保罗教堂完工后，通过煤炭税征来的钱专辟为再建造50座教堂，不仅为满足不断增长的会众之需，也是为了打击不从国教派的势头。尼古拉斯·霍克斯莫尔被任命来负责这些教堂的修建工程，虽然只完工了十几座，但他亲自设计了6座堪称英国最具原创性的教堂。

大约90个年头后的1620年，一些不从国教教徒——一群在英格兰面临迫害的清教徒——出发前往新大陆，去寻求一片宗教自由的土地。他们不是唯一反对英国国教的基督徒。1650年代，乔治·福克斯（George Fox，1624—1691）形成了自己的一套信念，认为不用充当媒介的神职人员，个人也可以直接体验到耶稣。他因此创立了基督教教友派，我们通常称之为贵格会。贵格会信徒相信，信仰不应有外在标志，无需外在或内在的仪式，因而他们的聚会也只需在非常朴素、毫无装饰的房间里进行。贵格会的聚会所很难被认为是座教堂，严格说来也不是。贵格会信徒们也遭受了迫害，甚至在美国也如此，于是威廉·佩恩（William Penn，1644—1718）创立了宾夕法尼亚殖民地，为其首府命名为费城（Philadelphia），意为“兄弟之爱”。

在18世纪的北美，对崇拜形式的限制依然普遍，英属殖民地被要求遵循圣公会的礼拜仪式，而法属殖民地则无此限制。这也是引发美国独立战争的一个因素。1789年，美利坚合众国通过了《权利法案》，第一修正案保障宗教自由。美国最早的教堂与同时代的英国教堂很相似，圣马田教堂（参见第7页插图）成为众多美国教堂的样板。

伍尔诺斯圣玛利亚教堂（St Mary Woolnoth）

尼古拉斯·霍克斯莫尔，1716—1724，伦敦，英国

霍克斯莫尔对罗马的巴洛克风格肯定是有所知闻的，图中围住坛后屏框的扭结的所罗门柱以及装饰有带翼天使的华盖，都能看出贝尔尼尼的祭坛华盖的影响（参见66页）。人们认为所罗门圣殿中便有这种扭结的圆柱，因而称之为“所罗门柱式”。此处显然指涉旧约：坛后屏框上没有图像，只抄录了“十诫”。

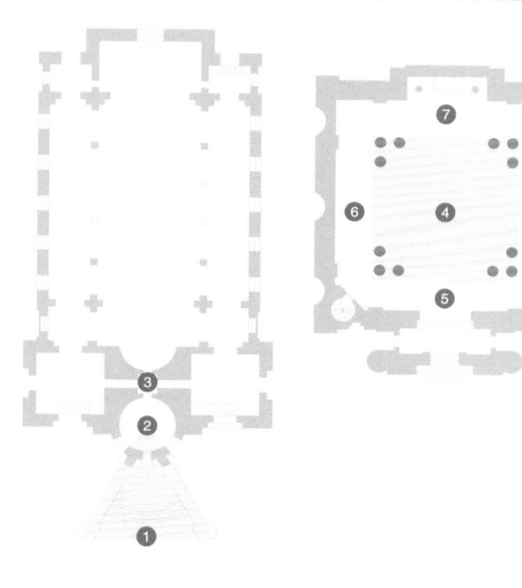

霍克斯莫尔的伦敦：几何与意义

霍克斯莫尔对早期教堂很感兴趣，特别是早期基督徒的崇拜形式的直接和谦卑（霍克斯莫尔时代的人是这么认为的），因此他也喜用粗犷、简单的形式。霍克斯莫尔的意图不是全都有文献证明，但从建筑本身能清楚看出他有多么着迷于几何。莱姆屋区的圣安妮教堂的平面图显示，其西侧台阶是一个等边三角形❶。这一形式创造出一种视觉假象，让台阶更显壮观，让人们更渴望进入教堂。同时，这也是圣三位一体的象征。上了台阶，在进入教堂之前，要通过1个圆形的门廊❷，门廊被凸出的扶壁分成6份。门廊的位置和形状与早期教堂的洗礼堂很相似：事实上，霍克斯莫尔和他的一些同时代人确实认为洗礼不应当在教堂内进行。圆形象征完美和永恒：登上等边三角形的台阶，经过洗礼，就可以见到神了。在这之上是一个正方形的塔❸，塔身四角是呈对角线的四组壁柱组合（参见左图），中间还有更多的组合：这样一共有8组。和圆形一样，数字8也经常用来表示时间终结之后我们的精神生命的延续。

伍尔诺斯圣玛利亚教堂的地基呈正方形，中央有1个正方形天井，由12根圆柱支撑，每个角3根，象征十二使徒。这些圆柱也有区隔空间的功能。中央部分❹——和正方形天井一样大小——构成本堂。与西门平行的圆柱隔出一个前厅❺，早期教会要求新皈依且还在等待洗礼的信徒待在这个区域，不能进入教堂。两侧的圆柱隔出两道侧廊❻，原本这些侧廊上方还有楼座，但后来被撤除了。教堂前方的圆柱形成一道隔屏，区隔出圣坛❼。

天井的每一侧都有1个半圆形窗户，上图中可以看到其中1个窗户。可以将这4扇窗户阐释为象征四福音书作者。该建筑还有一个特征：这些窗户顶上的拱心石雕刻成科林斯柱的柱头样子。这一点也可以印证前面的象征性阐释：这些窗户不仅让天光照亮教堂，还起着支撑的作用，一如4部福音书支撑着基督教，照亮耶稣的生命和作为。

古为今用

从18世纪中叶始，出现了对巴洛克和洛可可风格之夸张繁复的反拨，艺术和建筑因而变得更为克制和高贵。和文艺复兴时期一样，这一潮流亦从古典建筑中汲取灵感，因而被称为“新古典主义”。政治原因也促成了这一风格的被采用，新的政治形势要求建筑能够表达秩序感和庄严感。比如，拿破仑非常推崇这一风格，因为他希望将自己的统治比拟罗马帝国的辉煌。

庞贝和赫库兰尼姆被发现和挖掘，出土了一批先前不为人所知的古典雕塑和建筑，以及人们头一次见识到的罗马绘画。这一事件大大影响了新古典主义。新古典主义并非只关注古罗马：德国考古学家和艺术史家约翰·约阿辛·温克尔曼（Johann Joachim Winckelmann，1717—1768）撰写了一些最早的有关古希腊艺术和建筑的重要研究，称他在古希腊艺术和建筑中看到了“其姿态仪表有一种高贵的简朴和平和的壮观”。他的言论成为新古典主义艺术家和建筑师的目标。他们更注重和谐与简洁，而非单个细节的精雕细刻；他们不仅对古希腊罗马的原件悉心揣摩，也向诸如帕拉弟奥和拉斐尔这样的建筑师和艺术家追摹古典的伟大作品学习；他们不是简单复制外表，而是致力于表现“更美更完善的本质”的理想状态。这种风格并不重视原创性或大胆表现，而是寻求将原已存在的形式细加打磨，臻至完美。最好的例子是卡尔·路德维奇·恩格尔（Carl Ludvig Engel）建于赫尔辛基的路德派大教堂（Lutheran Cathedral，原本是敬献给圣尼古拉的大教堂），其灵感即来自帕拉弟奥建于维琴察的圆厅别墅

◀ 亚历山大·涅夫斯基大教堂（Alexander Nevsky Cathedral）

米哈伊尔·普列欧巴真斯基（Mikhail Preobazhensky），1894—1900，塔林（Tallin），爱沙尼亚

亚历山大·涅夫斯基（1220—1263）是中世纪俄罗斯伟大的民族英雄，1547年被东正教会追封为圣徒。如此看来，一座敬献给他的大教堂应当以俄罗斯复兴风格建造，是最合适不过的。俄罗斯复兴风格兴起于19世纪三四十年代，追慕古老建筑，特别是传承了民族历史文化遗产的建筑。1710年爱沙尼亚成为俄罗斯帝国的一部分，就在这座教堂开建不久前的1889年，半独立的爱沙尼亚政府被废除。因此，该教堂选择此种风格，乃至敬献的对象，都不仅仅是“合适”，更可视之为一种形式的文化帝国主义。

（Villa Rotonda）。

恩格尔设计此建筑是为纪念沙皇尼古拉二世，当时俄罗斯人已经开始对自己的历史和文化产生兴趣，而不是一味推崇古希腊、古罗马的历史文化，一种称为“俄罗斯复兴”的风格应运而生。安纳托尔·德米多夫伯爵（Count Anatole Demidoff，曾经是一幅以他的名字命名的祭坛装饰的拥有者，参见94页—95页）出版了他于1839年游历俄罗斯的游记，其旅伴安德烈·杜朗（Andre Durand）为之绘制插图。该书的图文成为重要的素材，受其影响的建筑很多，包括圣彼得堡的复活大教堂（参见第8页图）和塔林的亚历山大·涅夫斯基大教堂。

路德派大教堂

卡尔·路德维奇·恩格尔，1830—1852，赫尔辛基，芬兰

恩格尔建造的教堂因其简洁的几何形式而令人印象深刻：中央一个正方形，四边都有一个带三角楣的柱廊。如果只是这样，会显得更“古典”些。但后来恩格尔的接班人恩斯特·洛曼（Ernst Lohrman）又添加了许多部件，比如四角的小穹隆，以及十二使徒的雕像，每个三角楣上各三个，是世界上最大的锌制雕塑群。

浪漫主义文学和对历史遗迹的兴趣进一步促进了人们对哥特式往昔的兴趣。在法国，1831 年维克多·雨果出版了《巴黎圣母院》。雨果提倡保护好现存的哥特式建筑物，成立了一个“历史纪念建筑物委员会”，因为许多此类建筑在法国大革命期间遭到破坏。从 1840 年起，尤金·维欧莱－勒－杜克开始着手修缮许多重要的法国教堂，包括创造了巴黎圣母院屋顶上那些看上去像是中世纪的怪兽雕塑（参见116 页—117 页插图）。

在尤金·维欧莱—勒—杜克看来，“修缮”也包括“完善”建筑，使之在风格上达到前所未有的完美。也有人视之为“编造”，英国的吉尔伯特·斯各特就曾受此诟病。

建筑师们也有借鉴罗曼式的，风格的选择往往与教派有关。牛津运动试图让英国教会向罗马天主教会靠拢，而哥特式无疑能与宗教改革前的英国教会联系起来。因此哥特式从根本上来说是天主教的建筑风格，纽约的圣帕特里克大教堂就选择了哥特式。1840 年代末，一位美国作家写道，较之新哥特式，新罗曼式没那么浮华虚饰，更具共和特色，因而更受低教会（Low Church）各教派青睐。亨利·霍布森·理查森（Henry Hobson Richardson）为波士顿的圣公会教徒设计三一教堂时，就选择了新罗曼式：这种风格与更民主的崇拜形式相关联，这一点很重要。

▶ 圣帕特里克大教堂

詹姆斯·任维克（James Renwick），1858—1879，曼哈顿，纽约，美国

任维克的建筑具备哥特式建筑的几乎所有特征：玫瑰窗、尖顶、尖拱，唯独没有飞扶壁，因为 19 世纪的工程水平已不需要它们了。原来人们还说它离城市太远，现在已置身闹市，城市已经包围了它。它曾经是岛上最庞大的建筑，现在在林立的高楼中有如鸡立鹤群。1879 年的教堂祝圣仪式后，工程还在继续，尖顶就是 1888 年完工的。

◀ 三一教堂

亨利·霍布森·理查森，1873—1877，波士顿，麻省，美国

理查森原本计划建造一座更传统的、有三道侧廊的教堂，但后来将内部结构改变成希腊十字，有一个阔大而开放的中央区域，供其善鼓舞人心的朋友菲利普·布鲁克斯牧区长（Rector Phillips Brooks）讲道，发展至今已形成相当民主和包容的崇拜形式。理查森可以讲出其借鉴的罗曼式建筑源泉，比如，塔楼的灵感来自西班牙的萨拉曼卡（Salamanca）大教堂，但他仍声称他的建筑是对这些概念的“自由运用”。这些概念又被他的追随者们糅合进一种被称为“理查森式罗曼式”的风格。

兼收并蓄与现代

近几个世纪的建筑师们面对的选择很多，基督教两千年的历史见证了许多的建筑风格，而且除去欧洲历史上的建筑，建筑师们还可以从世界各地的建筑中汲取营养。约翰·纳什（John Nash）为摄政王（后来的乔治四世）改造布赖顿皇家行宫（Brighton Pavilion）时，众所周知他的灵感来自印度建筑。而在建造位于伦敦摄政街头的万灵教堂（All Soul's Church）时，他选择的是古典风格，门廊的灵感来自布拉曼特的坦比哀多小教堂（参见 175 页），他大胆地建造了一个圆形的塔楼和一座塔尖。

许多建筑师或因情势所需，或应捐资人的要求，继续在古典、哥特和罗曼式中做选择，而有些建筑师则将这些风格杂糅运用，并顺应国际潮流。19 世纪的民族主义运动以及方兴未艾的美术与工艺运动（Arts and Crafts movement），使得对地方传统的兴趣日益浓厚，有的建筑师便试图通过建筑细节反映会众的特征。还有的建筑师寻求发展出新的建筑风格，以更好地表达其特殊的崇拜形式。比如格拉斯哥的亚历山大·“希腊人”·汤姆森（Alexander “Greek” Thomson）为成立于 1847 年的苏格兰联合长老会（Scottish United Presbyterians）设计了 3 座美轮美奂

◀ **圣文森特街教堂中的柱头**

亚历山大·汤姆森，1857—1859，格拉斯哥，苏格兰

有人说汤姆森设计的美轮美奂的教堂是要重现所罗门圣殿的辉煌，而且他试图通过教堂中那些极富想象力且色彩绚丽的柱头创造出一种独特的闪米特柱式。

▶ **“基督诞生”外立面，圣家族大教堂**

安东尼·高迪，始建于 1883，巴塞罗那，西班牙

这座大教堂开建以后 1 年，高迪才接手。原来的规划是建成新哥特式，他加入自己极具独创性的想法。这些想法总在变化，他把它们运用到大教堂的建造上，直到 1926 年他去世。教堂有 3 个外立面，分别描绘耶稣生平的不同方面，每个外立面有 4 座塔楼，一共 12 座，每座代表 1 位使徒。本堂和圣坛之上的塔楼代表耶稣、玛利亚和四福音书作者。因为马太和约翰同时也是使徒，而犹大被驱除，高迪便加入了另 3 位人物，其中只有圣保罗通常是与十二使徒相提并论的。“基督诞生”外立面的 4 座塔楼所对应的使徒是：巴拿巴（Barnabas，在《使徒行传》14:14 中称之为使徒）、西门、达太和马提亚（《使徒行传》中他被选出取代犹大）。大门周边围绕着众天使乐手，在庆贺基督的诞生，东方三贤亦在近旁。

的教堂，可惜现在只有一座是保存完好的。有人说这几座教堂的设计是以文献中对所罗门圣殿的描绘为基础的，无独有偶，150 年前的尼古拉斯·霍克斯莫尔也持同样兴趣。不过，也有人将汤姆森设计的两座教堂中不同部件的组合方式与雅典卫城做比较，而他设计的圣文森特街教堂的塔楼则包含有世界各地的建筑元素，包括埃及的、亚述的和印度的。

◀ 考文垂大教堂（Coventry Cathedral）

巴兹尔·斯宾司（Basil Spence，1907—1976），1956—1962，考文垂，英国

考文垂大教堂看上去很现代，但实际上其布局结构的设计完完全全是传统的：一个中央本堂，两个侧廊，前方左侧是一个讲坛，右侧是一个读经台，后面是唱诗班席位，然后是至圣所：祭坛前还有一道栏杆。虽然形式上已迥然不同，但结构上和 15 世纪的索思沃尔德圣爱德蒙教堂完全一样（参见 41 页和 51 页）：后者是英国教会礼拜仪式要求的结果，唯一的不同是没有十字架隔屏。

激动人心的新形式

汤姆森的建筑兼收并蓄，但其结构形式多多少少还算是传统的。有些建筑师开始发展新技术，而在这方面最卓有成效的当属加泰罗尼亚人安东尼·高迪。他在工程技术方面进行了实验创新，开创了抛物线形拱门。在设计圣家族大教堂时，高迪成功地做到了自上而下地施工，用绳圈吊起一小袋一小袋的铅坠，其重量是圆柱必须承重的千分之一。绳子形成的形状就是他所要的拱的形状：抛物线形。

尖拱比圆拱更稳固的原因之一就是，前者更接近抛物线这种在数学上更稳固的形式。高迪依照需要，从哥特式和古典式建筑中汲取养分。他不喜欢纯粹的哥特式建筑，认为其太过精确，是“圆规划就的建筑”。尽管高迪这座未完工的伟大建筑在许多方面都基于以往的哥特式建筑，但他给它裹上了丰富多样的装饰，

◀ 首都主教大教堂（Metropolitan Cathedral）

奥斯卡·尼迈耶，1858—1970，巴西利亚，巴西

1956 年尼迈耶获任命为负责建设巴西新首都巴西利亚的总建筑师。他自己是无神论者，但他依然设计了这座大教堂。显然他试图让该建筑不要有明显的宗教特征，这样即使是在共产党政权下也还能用得上。不过，人们依然将那座由弧形水泥部件构成的建筑阐释为一个王冠，或是向天祈祷的手。一共有 16 片弧形水泥块，这个数字是 12（使徒的数目）和 4（福音书的数目）之和。布拉曼特也很喜欢这个数字，其坦比哀多小教堂的圆柱就是 16 根（参见 175 页）。该建筑是个双曲面，这是高迪曾经考察与使用过的形式之一。

许多装饰都是仿照自然生发的形式。内饰亦是如此：他的垂吊实验使得圆柱顶上枝桠蔓生，教堂内部看上去就像一片树林（参见112页）。

水晶大教堂（The Crystal Cathedral）

菲利普·约翰逊（Philip Johnson），1977—1980，加登格罗夫市（Garden Grove），加利福尼亚，美国

福音派牧师罗伯特·H. 舒乐（Robert H. Schuller）起意要建一座完全由玻璃造成的教堂，他委托菲利普·约翰逊来设计，因为后者为自家设计建造的房子就是现代派风格的透明建筑，是名副其实的“玻璃房”，他也因此早在1949年便进入公众视野。“水晶大教堂”不仅能在每周一次的宗教仪式中容纳两千多会众，而且还能用作福音派电视宣讲的背景，每周约有两千万的观众观看“全能时刻”电视节目。美国的归正教会（Reformed Church in America）是由长老管理，所以这座教堂虽有“大教堂”之名，实则不是天主教大教堂，既没有主教，也没有主教座椅。这是一座典型的“超级大教堂”（megachurch），这类教堂一般都是福音派或圣灵降临派的，美国有一千多座这样的教堂，不过世界上最大的5座在韩国。

20世纪发展出了新的建筑材料和技术，教堂的设计也有了巨大的改变。钢结构建筑提供了更坚实的结构性承重，意味着外墙可以使用更大面积的玻璃，就像哥特式曾经做到过的那样，而且还不需要飞扶壁。浇铸混凝土的使用意味着几乎任何形状都可以被创造出来，虽然没有几个建筑师采用抛物线形拱门。然而在许多年里，设计依然是保守的，新技术往往只是用来给旧结构包上新外壳，因为礼拜仪式与先前三个半世纪来的形式并无根本变化。

即便是在遭受了两次世界大战的破坏、亟需创造新的建筑的情况下，教堂的基本形式还是很少改变——考文垂大教堂的内部布局便可为证。巴兹尔·斯宾司设计了这座教堂，教堂内的装饰则是一些当代艺术家通力合作的结果：约翰·匹普尔（John Piper）设计了洗礼堂的窗户，格雷厄姆·萨泽兰德（Graham Sutherland）设计了主祭坛后的庄严堂皇的挂毯，伊丽莎白·弗林克（Elizabeth Frink）设计了一座棱角分明的青铜雄鹰读经台。19世纪牛津运动之后，圣公会对雕塑绘画的态度逐渐缓和，艺术家们不仅为新建筑绘制或雕刻，也为旧建筑做装饰。

梵蒂冈第二次基督教普教大会和福音运动

1962年至1965年间，梵蒂冈第二次基督教普教大会在罗马召开，此次大会最重要的决议之一是要让会众更大程度地参与圣餐仪式。这个决议意味着需要新形式的教堂：圆形的、不加区隔的形式因而变得益发重要。但值得注意的是，奥斯卡·尼迈耶于1958年便在巴西利亚设计建造了外观轻盈的大教堂。1960年，弗雷德里克·吉伯德（Frederick Gibberd）亦出于攀比之心，设计了利物浦的王者基督大教堂

（Cathedral of Christ the King），教堂顶上也是一个王冠。这些新思想颇有远见卓识，但让教会接受并不容易。整个 1950 年代，教会都在讨论相关问题，教皇约翰二十三世于是决定将普教大会提前到 1959 年召开。

新材料、新技术不仅能够造出更精彩的建筑，新科技甚至做到了根本不需要建造教堂。随着“电视福音运动”的出现，教会即一起礼拜的人组成的团体这个概念再次变得可行，而不是指在其中进行礼拜的实际建筑物。

梵蒂冈虽然保留了广播和电视的渠道，但天主教会还是坚持信众要参与圣事、圣礼，所以不用亲自去教堂就可以进行崇拜更多是与新教各派相关，特别是福音派教徒。美国归正派教徒委托菲利普·约翰逊设计的加利福尼亚加登格罗夫市的水晶大教堂，用硅酮胶将约 1 万块玻璃块黏合在支撑结构上，使得建筑能够抗震防风。约翰逊还超越了“功能决定形式”的现代主义信条，将教堂设计成星辰形状——约翰逊朝后现代主义迈进了一步。后现代主义将过去的种种理念，从高雅艺术到流行文化，全都结合起来，往往达到诙谐或反讽的效果。

第三个千禧年

基督教对我们生活的影响，最显见但也许又是最不为人所注意的方面是——它规定了我们的纪年。公元元年是从基督徒所认为的基督诞生日算起的，我们现在进入了第三个千禧年。基督徒的崇拜形式还在不断演化。电视福音运动诞生以来，有些信徒已不必亲自去教堂。不过，在全世界范围内，还在建造新教堂，还在装饰老教堂。

如今的基督教有 3 万多个教派，因而对教堂应当如何建造和装饰没有一定之规。随着现代主义和后现代主义的发展，教堂建筑比以往

▼ “最后的审判”

马克·穆尔德斯（Marc Mulders），2007，圣约翰大教堂（Sint-Janskathedraal），斯海尔托亨博斯（S-Hertogenbosch），荷兰

圣约翰大教堂是座哥特式大教堂，穆尔德斯设计的窗户则是 21 世纪的作品，安装在这座古老的教堂里，用的是传统的概念，表达却是全然现代的。在窗花格顶上的五瓣花瓣形装饰中，基督坐着在审判，“又有虹围着宝座”（《启示录》4:3）。和伯尔尼明斯特大教堂的大门顶上的雕刻形象近似（参见 162 页—163 页），一道黄色的水流从他的一侧流泻而下，变成红色，就像早先关于“最后的审判”图画里的火河。周围是一些表现天堂和地狱的抽象图案，有孔雀、怪兽和青蛙。左侧底部的图画描绘的是第二架飞机撞向纽约世贸中心的场景，大概能在今日的观者心中引起强烈的反响。

任何时候都要更加灵活包容，任何材料、任何风格都可以使用。不过，许多新近的发展态势都有一个共同点：都对基督教崇拜的最初和最基本的主题感兴趣。

马克·穆尔德斯设计的窗户叫“最后的审判”，2007年揭幕。他受委托“绘制一扇反映时代精神的彩绘玻璃窗”。玻璃窗为原来的哥特式窗花格设计，包括一幅基于中世纪原型的基督画像，也使用了创新技术，包括一幅2001年曼哈顿双子座被撞毁的摄影，穆尔德斯本人描述这是“人间地狱”。美国加利福尼亚的天使圣母大教堂（the Cathedral of Our Lady of the Angels）2002年完工，其纪念碑式的大门顶上矗立着一尊圣母玛利亚雕像，用的是标准的“无染原罪”圣母像（须记梵蒂冈第二次基督教普教大会重申圣母玛利亚为“教会之母”）。2008年，雕刻家威廉·派为英国的索尔兹伯里大教堂设计了一个洗礼盆（参见130页插图），是该教堂150多年来第一个永久性的洗礼盆。洗礼盆不仅能实现其传统功能，十字形状还指向东南西北4个方向，水流潺潺，不绝流淌。芬兰建筑师麦提·申那克申那赫（Matti Sanaksenaho）设计的圣亨利基督艺术小礼拜堂（St Henry's Ecumenical Art Chapel）则使用了水之外的另一种最强大的象征元素——光。这座小礼拜堂是为一个癌症治疗专科医院的病人设计的，是病人们寻求心灵慰籍和祈祷的地方。小礼拜堂的构造很快赢得了绰号——“鱼堂”。申那克申那赫有意识地使用了“鱼”这一早期基督教象征符号，好让在医院接受治疗的各教派病人都能聚集于此。从里面看，整个建筑就像一只倒扣的船，让我们想到“本堂”（nave）一词源自拉丁词navis，亦即“船”。教会如同巨船一艘，载着虔信者航行过人生旅途，带领他们驶向“世界之光”——耶稣基督。

◀ 天使圣母大教堂

罗伯特·格雷厄姆，2002，天使圣母大教堂，洛杉矶，美国

洛杉矶这座新式大教堂入口处上方相当于拱楣的地方矗立着格雷厄姆的青铜雕塑，用的是“无染原罪”圣母形象——类似于布鲁塞尔的费尔布鲁根讲坛上的圣母形象（参见43页）。玛利亚立于一轮新月之上，同时沐浴着日光：不仅雕塑背后的整个背景墙都是金灿灿的，而且玛利亚头部的光环实际上是在建筑上开凿的一个孔洞，阳光从中倾泻而下——巴洛克设计中也使用过这一概念（著名的有贝尔尼尼的圣彼得主教座椅和圣特蕾莎雕刻，参见66页和93页）。只不过这里的玛利亚形象是现代的，是糅合了该城各人种的相貌特征的集合体。

▶ 圣亨利基督艺术小礼拜堂

麦提·申那克申那赫，2005，图尔库，芬兰

芬兰设计师麦提·申那克申那赫设计此小礼拜堂的灵感来自他钓到的一条鳟鱼。建筑外部覆盖着像鱼鳞一样的铜制板条，而内部则让我们想到约拿置身于一条鲸腹内的情形。唯一的窗户是教堂尽头墙上一道尖拱：入口处看不见它，所以光源显得很神秘，深深吸引了我们，一如基督徒被“世界之光”耶稣所吸引。

术语

侧廊（aisle）：位于本堂（nave）北侧和南侧的独立空间，与本堂之间有拱廊（arcade）隔开。侧廊为会众提供额外的空间，同时也可作为前往两侧小礼拜堂或安葬之所的通道，或供环绕本堂的列队穿堂仪式之用。侧廊的天花板通常较低。教堂一般采用一本堂两侧廊的三分结构，寓指圣三位一体，然而有些教堂两侧有双侧廊。

祭坛壁饰（altarpiece）：位于祭坛之后的画或雕塑。

诵经台（ambo）：讲坛（pulpit）的早期形式。

回廊（ambulatory）：可穿行其间的一条通道，通常环绕后殿（apse）——为列队穿堂仪式的理想路径。

圣公会的（Anglican）：与英国国教会有关的。

反预表（antitype）：参见预表（type）。

伪经（Apocrypha）：被认为是“秘密的”或“隐秘的”，没有被普遍接受为基督教圣经正典的那些经文。

使徒（apostle）：耶稣拣选出来追随他和传播他的福音的最亲近的十二门徒之一。耶稣复活之后，马提亚、保罗和巴拿巴也被归入使徒之列。

后殿（apse）：位于教堂或者较大教堂所附带的众小礼拜堂的顶端的半圆形结构，一道回廊（ambulatory）将其与教堂主体隔开。

拱廊（arcade）：将本堂与侧廊隔开的一排圆柱或拱座。

拱门装饰带（archivolt）：拱门上的带状装饰，比如一长列同心拱门上的装饰带。

圣器壁龛(aumbry)：存放弥撒所用的圣饼盘(paten)和圣杯的壁橱。

长老席（bema）：东正教中长老席（presbytery）的名称。

浮凸雕饰（boss）：巩固拱顶肋梁之间连接点的石块，通常有雕刻或彩绘。

扶壁（buttress）：支撑加固墙壁的石造建筑结构。

钟楼（campanile）：意大利的钟楼，有时是独立建造的。

地下墓地（catacomb）：位于地下的安葬场所。

主教座椅（cathedra）：主教的宝座，天主教堂亦称为主教座堂，以此得名。

圣坛（chancel）：参见长老席（presbytery）。

弥撒小礼拜堂（chantry）：建于教堂内的小礼拜堂，通常位于圣坛周围，用于葬仪，在此间吟诵弥撒，纪念逝者。

会堂（chapter house）：用于行政管理会议的房间，得名于每日宣读一章《圣本笃院规》，让修士们时时谨记其行为规范。不带修道院的天主教堂里也有会堂，多为行政管理之用，管理许多天主教堂的行政管理机构因而得名教士会（the chapter）。

唱诗班席位（choir 或 quire）：如名所示，这是在最重要的教堂礼拜仪式时唱诗班和神职人员就座的地方（有些英国教堂喜欢用后一种古语拼写）。

罩篷（ciborium）：通常由四根柱子撑起于主祭坛之上的顶篷，或是盛放圣体的小容器。

护墙板（clapboard）：建筑物外壁的涂漆横木板保护层。

高侧窗（clerestory）：本堂顶部的窗户，光线从顶上倾泻而入，可以阐释为“神之光”，从而提醒人们，我们之上确有天堂。

回廊（cloister）：最初是用来方便穿行于修道院内各活动空间比如寝室、膳厅（refectory）和会堂（chapter house），也可以作为列队穿堂仪式的路线，有些并无修道院机制的天主教堂也有回廊。

柯斯马蒂（cosmati）：几何图案的马赛克装饰。

十字交叉处（crossing）：平面图为十字形的教堂的两臂交叉处。

教堂地下室（crypt）：位于圣坛之下的小礼拜堂，最初用来安放圣徒遗骨遗物。

基督圣像（deisis）：源于拜占庭的一种圣像——基督坐在中间宝座上，两边是替人们呈情请愿的圣母玛利亚和施洗约翰。

门徒（disciple）：耶稣的追随者。

主教的（episcopal）：与主教有关的。主教派（Episcopalian）指英格兰之外，特别是美国的圣公会团体。

福音派(evangelist)：传播基督的话语的人，特别指四福音书作者。

扇形拱券（fan vault）：肋梁呈扇形辐射的一种拱券。

飞扶壁（flying buttress）：一种扶壁，其基座与墙壁之间有一定距离，因而扶壁与墙壁之间是空透的。

洗礼盆（font）：用于洗礼仪式的盛水的容器。

加利利堂（Galilee chapel）：教堂入口处的小礼拜堂，曾经用作某些列队穿堂仪式的起点。

笕嘴（gargoyle）：雕刻成怪物形状的出水口（不是所有的怪物形状的雕刻都能称作笕嘴）。

卧像（gisant）：一种墓葬雕像，呈躺卧状。

纹章匾（hatchment）：一种墓葬纪念物，通常为菱形，绘有逝者的纹章。

主祭坛（High Altar）：教堂内最重要的祭坛。

圣饼（host）：弥撒仪式中所用的圆形薄饼。

圣像破坏（iconoclasm）：毁坏宗教图像雕刻等的行为。

圣像隔屏（iconostasis）：东正教堂中将本堂与长老席隔开的用圣像装饰的屏风。

圣母堂（lady chapel）：敬献给圣母玛利亚的小礼拜堂。在英国的天主教堂中，圣母堂通常位于主祭坛的东面。

尖顶窗（lancet）：高挑细长的单扇窗户。

盥洗室（lavatorium）：盥洗的场所，通常在回廊（cloister）内。

读经台（lectern）：摆放圣经的台面。

枝肋拱券（lierne vault）：在必要的结构性肋梁之外还添加了装饰性肋梁的一种拱券。

楣石（lintel）：搭在两根圆柱或柱子顶上的石梁。

妇女席楼座（matroneum）：教堂中专为妇女设置的楼座。现在有的楼座不是专为妇女设置，也用这个名称。

陵墓（mausoleum）：专用于安葬的建筑物，得名于安纳托利亚统治者摩索拉斯王。

仁慈架（misericord）：座位底部的支架，当座位收起来时，做礼拜的人可以靠在支架上。支架通常雕刻有图案。

本堂（naos）：东正教的本堂（nave）。

前厅（narthex）：教堂主体外入门处的门廊或门厅。

本堂(nave)：教堂主体部分。该词来自于拉丁词navis，意思是“船”，涵义是教堂会众正在进行一次由教会保护的通往神的生命之旅。

正教（Orthodox）：“正确的思想”，指一种被认为是“正确的”信仰，亦被用来指称东部教会的各分支。

全能者（Pantocrator）：“全能者”“统治一切者”，拜占庭赋予基督的称号，视之为世界的统治者和审判者。

圣饼盘（paten）：在圣餐祝祷仪式中盛放圣饼的盘子。

座席（pews）：教堂内供会众就座的长凳。封闭在小隔间里的长凳叫包厢座席（box pews）。

排水石盆（piscina）：弥撒仪式中用来清洗圣餐餐具的石质水盆。

柱廊（portico）：建筑入口处由众多圆柱支撑的门廊。

长老席（presbytery）：教堂中供神职人员使用的区域（位于祭坛周围）——也可称为圣坛（chancel）。

讲坛(pulpit)：神职人员布道的地方，高出地面好让会众看得更清楚。

讲坛隔屏（pulpitum）：唱诗班席坐前的一道屏风，曾经在此处布道过。有时也叫唱诗班隔屏。

四部（quadripartite）：分为四个部分的——特别用于一种拱券。

膳厅（refectory）：修士们用餐的大厅。

祭坛壁饰（reredos）：祭坛后的画或浮雕，又称为祭坛壁饰（altarpiece）。

十字架隔屏（rood screen）：一道有十字架的隔屏。天主教堂中，十字架隔屏通常在讲坛隔屏（pulpitum）以西一到两柱距离。而在新教教堂中，十字架隔屏被用来隔开本堂（nave）和圣坛（chancel）。

圣器室（sacristry）：神职人员穿戴法衣和为弥撒做准备的房间（得名于拉丁词 sacristia，意为“神圣的”）。等同于法衣室（vestry）。

祭司席（sedilia）：圣坛（chancel）南墙的座席，供神职人员和助祭在弥撒仪式中就座。

五彩拉毛粉饰（sgraffito）：在石头上刮出线条，或刮掉一层颜料或灰泥，露出底下一层颜色的一种装饰手法。

塔尖（spire）：通常建在教堂顶上，高高耸立，指向天宇，用来标志教堂所在，呈锥形，底座可为方形、八边形或圆形。

尖塔（steeple）：塔与塔尖的合称。

镶嵌磁砖（tesserae）：用于马赛克装饰的石质或玻璃小方块。

四字神名（tetragrammaton）：组成神的名字的四个希伯来符号。

圣母（Theotokos）：“神的母亲”。

十字架铭牌（titulus）：钉在十字架顶上的标牌，上有文字“犹太人的王，拿撒勒人耶稣”，通常是其拉丁文缩写形式 INRI。

塔楼（tower）：许多教堂在其十字交叉处（crossing）之上有一座塔楼，但穹顶也通常建在这个位置。塔楼的另一个常见的位置是教堂的西端，有时在东段，或者耳堂之上。塔楼通常有钟（时钟或挂钟，或两者兼有）。

窗花格（tracery）：窗户中间作为分隔和固定玻璃的石质细梁。

耳堂（transept）：本堂（nave）两侧的垂直突出建筑。建有耳堂的第一座教堂是位于罗马的君士坦丁的圣彼得大教堂。当时建造耳堂是为了便于朝圣者靠近位于十字交叉处（crossing）的圣彼得墓。耳堂不仅使得教堂的平面呈十字架形状，而且可以建造更多朝东的祭坛，因而倍受青睐。

三拱式拱廊（triforium）：拱廊上层的区域。有时是环绕整个教堂的一条走廊（更准确的名称应当是“tribune”）；有时只是拱廊和高侧窗（clerestory）之间的过渡墙面。

间柱（trumeau）：门廊中央的圆柱，通常有一尊圣母雕塑，或是教堂主保圣徒的雕塑。

拱楣（tympanum）：门廊和其上圆拱之间的半圆形区域，或是三角楣饰的三角形区域。

预表（type）：旧约中的人物或故事被视为新约中人物或故事的预示或先兆。新约中对应的人物或故事称为对型（antitype）。

拱券（vault）：可以指形式各异的石质天顶，也可以指教堂地面之下供人安葬的空间。

法衣室（vestry）：参见圣器室（sacristry）。

涡卷（volute）：通常雕刻在石头上的弧形或卷形图案，作为建筑的功能结构的装饰。

西门（west front）：新教教堂或天主教堂的正立面，为重要庆典仪式的入口，通常装饰有雕刻，雕刻可以是通行的，也可以是该教堂特有的。教堂的西门通常很壮观。

年表

前 63 年：罗马帝国统治巴勒斯坦。

0 年：耶稣诞生，不过也有学者认为耶稣可能实际上生于公元前 4 年。

33 年：耶稣被钉十字架。

60 年代—90 年代：马太、马可、路加和约翰四福音书写成的时期。

64 年：罗马大部分毁于一场大火。人们将其归咎于基督徒，导致基督徒受到严重迫害，包括圣彼得受难殉道。

70 年：罗马人攻陷耶路撒冷，圣殿被毁，犹太人和早期基督徒大流散。

285 年：圣安东尼大约此时退隐沙漠，标志隐修院制度的开始。

303—311：戴克里先皇帝统治期间，第十次，也是最后一次及最严重的一次对基督徒的迫害。

313 年：君士坦丁颁布《米兰敕令》，承认基督教在罗马帝国的合法地位。

325 年：尼西亚主教大会宣布圣子耶稣和圣父同为永恒，并推广《尼西亚信经》。

330 年：君士坦丁堡建立。

337 年：第一位基督教徒的罗马皇帝君士坦丁大帝临终受洗。

360 年：大约于此时，亚历山大的亚他那修为埃及的圣安东尼（圣安东尼修道院长）作传。

380 年：基督教成为罗马帝国的国教。

431 年：以弗所主教大会封玛利亚为 Theotokos（“神之母”）。

451 年：卡尔西顿主教大会确立“基督双性”。

537 年：君士坦丁堡的圣索菲亚大教堂建成。

632 年：穆罕默德去世。

726 年：拜占庭皇帝利奥三世下令销毁所有图画雕塑，标志圣像破坏运动开始。

800 年：教皇利奥三世为查理曼加冕为“罗马皇帝”。

843 年：“正教的胜利”结束了圣像破坏运动。

962 年：奥托加冕为“神圣罗马皇帝”。

1014 年：西方教会在《尼西亚信经》中加入 filioque（和圣子）一条，以此与东正教会分庭抗礼。

1054 年：东西教会大分裂。

1095 年：为基督教夺回圣地的第一次十字军东征。

1125 年：克莱尔沃的贝尔纳写作其《辩护书》，批评克吕尼派修士，维护熙笃会的信条。

1137—1144：修道院长苏格重建圣丹尼斯修道院，现在公认其为第一座哥特式教堂。

1170 年：托马斯•贝克特被刺杀于坎特伯雷大教堂。

1204 年：威尼斯人攻陷君士坦丁堡——没有抵达圣地的第四次十字军东征。

1221 年：布道兄弟会（多明我会）的创始人圣多明我去世。

1226 年：小兄弟会（方济各会）的创始人圣方济各去世。

1300 年：教皇卜尼法斯八世敕令首个禧年，或曰圣年，鼓励前往罗马朝圣。

1342 年：方济各会得到任命掌管圣地各个地点。

1440 年：洛伦佐•瓦拉指出“君士坦丁的赠礼”是伪造的。

1453年：奥斯曼帝国占领君士坦丁堡，改名为伊斯坦布尔：这标志着罗马帝国毫无意义的终结。

1492年：哥伦布发现“新大陆”。1493年他第二次远征时，方济各会传教士和他一同前往。

1506年：布拉曼特开始重建罗马的圣彼得大教堂。

1517年：马丁•路德在维滕堡大教堂门上张贴了《九十五条论纲》，标志新教改革的开始。

1521年：路德宣称圣事是腐败的。英格兰的亨利八世撰写《为七圣事一辩》，被教皇利奥十世授予“信仰的护卫者”称号。

1534年：《至尊法案》使亨利八世成为英国教会的首领。罗耀拉的依纳爵创立了耶稣会。

1535年：亨利八世下令解散英国的修道院。

1545年：第一次特利腾主教大会：反宗教改革开始。

1547年：英格兰国王爱德华六世登基。

1549年：英国教会推行《公祷书》。

1563年：第二十五次也是最后一次特利腾主教大会。

1611年：詹姆斯王钦定本圣经出版。

1612年：卡洛•马德尔诺建造的圣彼得大教堂的正立面完工。

1620年：清教徒前辈移民出发前往美洲，寻求宗教自由和宽容的新生活。

1622年：教皇格利高里十五世封罗耀拉的依纳爵和阿维拉的特蕾莎为圣。

1647年：乔治•福克斯开始公开布道，后创立了基督教教友派（贵格派）。

1667年：贝尼尼为圣彼得大教堂添加张开双臂式柱廊。

1728年：詹姆斯•吉布斯出版其《建筑之书》，该书对美国的教堂建筑影响尤其大。

1739年：约翰•卫斯理在英格兰创立了美以美教派。

1839年：安纳托尔•德米多夫和安德烈•杜朗出版了《俄罗斯的绘画和建筑之旅》，对“俄罗斯复兴”风格的发展影响深远。

1845年：奥古斯都•普金出版了《尖顶或基督教建筑的真正原则》，大大推广了新哥特式建筑。

1854年：“无染原罪”成为天主教信条。

1870年：意大利统一，教皇退居梵蒂冈，不再是世界统治者。

1962年：旨在改革的梵蒂冈第二次基督教普教大会召开，大会延续到1965年。

2000年：所有教派庆祝标志基督教2000年的“千禧年”：这也是天主教会的“大禧年”，教皇卜尼法斯八世敕令首个禧年后700年。

延伸阅读

要理解基督教，需要对圣经有全面的了解，因此，要更好地理解教堂，圣经是需要阅读的最重要的书。本书中所有圣经引文皆出自首次出版于1611年的詹姆斯王钦定本圣经（译文皆出自和合本圣经——译者注）。圣经里只提到了最早的几个圣徒。对中世纪及以后的艺术家而言，关于圣徒生平故事的主要来源是《黄金传奇》，这是1260年代热那亚主教收集编撰的一部选集。但丁的《神曲》也同样影响巨大，有些权威赋予它仅次于圣经的重要地位。对教会历史的了解也很有用，下列书籍有助于此：

Chadwick,Owen.*A History of Christianity*.weidenfeld & Nicholson: London,1995.

Dante (Dante Alighieri). (Translation and comment by John D. Sinclair.) *The Divine Comedy* (three volumes: *Inferno,Purgatorio,Paradiso*). Oxford University Press (OUP):London And New York,1961.

Hillerbrand,Hans J.*christianity:The Illustrated History*. Duncan Baird Publishers: London, 2008.

Livingstone,E.A.*The Concise Oxford Dictionary of the Christian Church*. OUP: Oxford,2006.

Macculloch,Diarmaid. *A History of Christianity*.Allen Lane:london,2009.

Porter,J.R. *Jesus Christ*.OUP:New York;Duncan Baird Publishers: London,1999.

Potter,J.R. *The Lost Bible*: Forgotten Scriptures Revealed. University Of Chicago Press: Chicago;Duncan Baird Publishers:London,2001.

Porter,J.R. *The Illustrated Guide to the Bible*. OUP: New York; Duncan Baird Publishers: London, 2007.

Voraine, Jacobus de.(Translated by Christopher Stace.) *The Golden Legend*. Penguin Books: London,1998.

还有许多有关建筑的历史和建筑艺术的象征的书籍。以下仅为几列：

Clifton-Taylor, Alec. *The Cathedrals of England*. Thames and Hudson: London,1967.

Hall, James. *Dictionary of Subjects and Symbols in Art*. John Murray: London, 1994.

Murray, Peter and Murray, Linda. *The Oxford Companion to Christian Art and Architecture*. OUP: Oxford, 1998.

Raguin, Virginia and Higgins, Mary. *The History of Stained Glass: The Art of Light-Medieval to Contemporary*. Thames and Hudson: London, 2008.

Summerson, John. *The Classical Language of Architecture*. Thames and Hudson: London, 1980.

Verdon, Timothy. *Mary in Western Art*. Pope John Paul Ⅱ Cultural Centre: Washington, D. C., 2006.

关于特定时期、艺术家或建筑师的更为透彻的研究，以下书籍是作者在撰写本书过程中参考最多也最想推荐的：

Beltramini, Guido and Burns, Howard. *Palladio*. Royal Academy of Arts: London, 2009.

Du Prey, Pierre. *Hawksmoor's London Churches: Architecture and Theology*. University of Chicago Press: Chicago, 2000.

Gordon, Dillian. *The Wilton Diptych: Making and Meaning*. Yale University Press: London, 1994.

Harbison, Craig. *The Mirror of the Artist: The Art of the Northern Renaissance*. Pearson Education: London,1996.

Lowden, John. *Early Christian and Byzantine Art*. Phaidon: London, 1997.

Sondin, Michael and Llewellyn, Nigel (Eds.). *Baroque: Style in the Age of Magnificence*. V & A Publishing: London, 2009.

Stalley, Roger. *Early Medieval Architecture*. Oxford Paperbacks: Oxford, 1999.

Stemp, Richard. *The Secret Language of the Renaissance*. Duncan Baird Publishers: London, 2006

索引

注：索引中的斜体页码表示该词出现在插图说明文字中。

中译本特别致谢

本书在翻译过程中得到了中央民族大学基督教神学专业博士潘少铎和加拿大多伦多大学环境工程博士朱婷婷两位的大力支持，特此致谢！

——译者

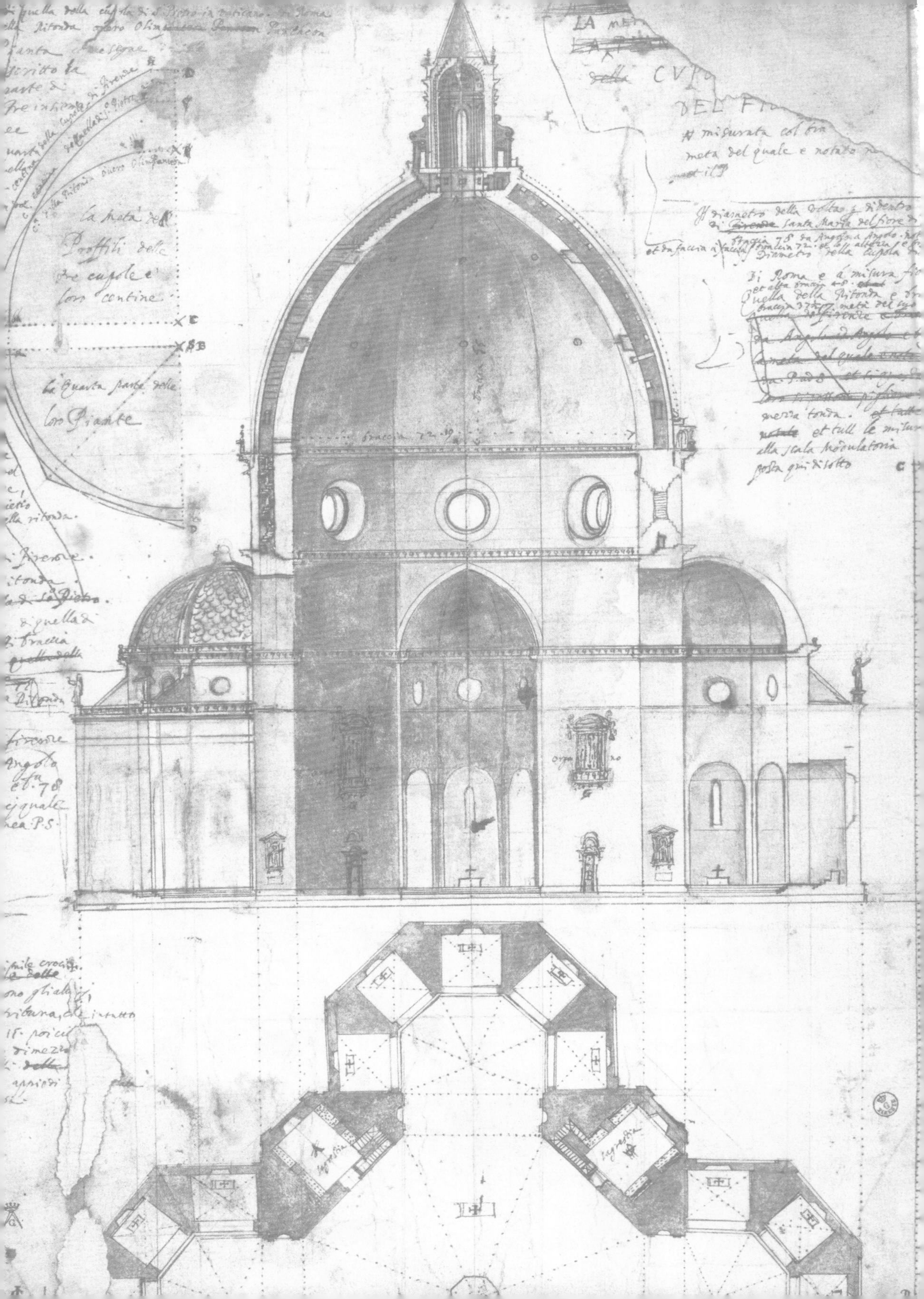

La metà de'
Proffili delle
tre cupole e'
loro centine
La Quarta parte delle
loro Piante
santa Maria del fiore
mezza tonda
et tutte le misure
alla scala modulatoria
posta qui di sotto